ゲームブック

ぺんたと小春(こはる) はじめてのおつかい

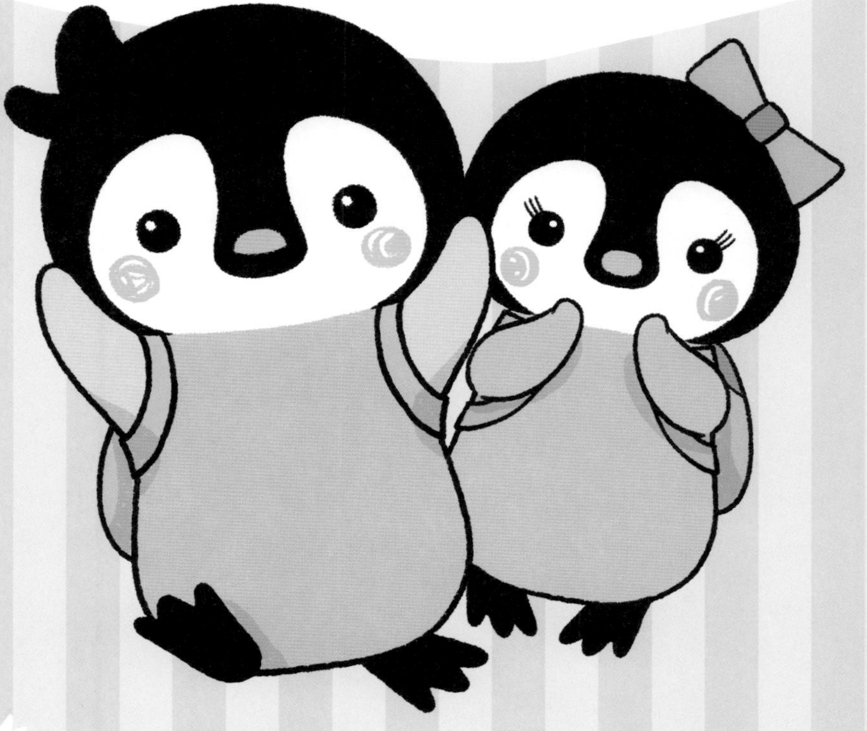

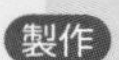

ペンギン飛行機製作所
penguin airplane factory

サンマーク出版

ここは、とあるまちにある「ペンギン飛行機製作所」。
たくさんの所員たちと、コウテイペンギンのヒナ
〝ぺんたと小春〟が、毎日楽しくすごしております。

――

そんな製作所になりひびいたのは、お昼のチャイム。
くいしんぼうのぺんたが「だいすきなじかん」です。

ペーン
ギーン
カーン
コーン

ほかほかのごはんに、
おいしいおかず。
考(かんが)えるだけで
よだれがたれそうです。
そんなぺんたのもとに、
おちゃわんにこんもりもられた
ほかほかごはんが
とどいてまいりました。

「今日(きょう)はどんな
ごちそうかなぁぁ？」

「ぎゃ————!!」
キッチンからさけび声が
聞こえてきたのは、ちょうどそのときでした。
ぎゃーーー
キッチン

いそいでキッチンにむかったぺんたに、
所員のひとりが言うのです。

「ごめん、ぺんた……。
今日のお昼のざいりょうを買うの、
わすれちゃった……」

すっかり落ちこんでいる所員に
ぺんたは、笑顔で言いました。

「じゃあ、ぺんたと小春がまちに出て、
ざいりょうを買ってくるぅぅぅぅぅ！」

さて、ここでみなさんにおねがいです。
はりきって出発したふたりを
見守っていただけないでしょうか？

なぜなら……
ふたりにとって、これが
「はじめてのおつかい」に
なるからです！

きっと旅のとちゅうで、
たくさんの「問題」が
あらわれることでしょう。

どうか、ふたりの力になって
ほしいのです……。

え？　ひきうけてくださる!?
ありがとうございます！
それでは、ぺんたと小春の大ぼうけん、
はじまり、はじまり～。

ぺんたと小春って？

ぺんたと小春は、「ペンギン飛行機製作所」でくらすペンギンのヒナ。
正反対な性格だけど、とってもなかよしなんだ♪

ぺんた

“ねぐせ”がトレードマークの男のコ。おっとりしていて、ちょっぴりドジなところがあるから、いつも小春に助けてもらっているよ。「いつか空を飛びたい」というゆめをもっているんだ☆

たんじょう日	8月19日
しんちょう	35センチ
たいじゅう	2キロ
すき	ママ、ひなたで横になってポカポカすること
にがて	高いところ、タコ

小春

まじめでやさしい性格の女のコ。ドジなぺんたを助けてくれる、しっかり者だよ。甘いものがだいすきで、ぺんたよりおなかが出ていないか気にしているみたい。長いまつ毛がチャームポイントだよ♡

たんじょう日	8月18日
しんちょう	35センチ
たいじゅう	2キロ
すき	キラキラした音楽、甘いもの、おかしづくり
にがて	ヒョウアザラシ、オオフルマカモメ

ぺんたと小春のヒミツ

夜中にこっそりおかしを食べちゃうのっ

足が速くてスポーツがとくいなのっ

たからものはカモメの羽だよぉぉぉ

ママのおしりのにおいをかぐのが好きだよぉぉ

いつかプリンセスになりたいな

7までしか数えられないのぉ

製作所を出たふたりは、しりとりをしながら
ペチペチと歩いておりました。

「こはるの『る』ねぇぇ、
あ、『おるすばん～！』」

「はい、ぺんたのまけ～！
もう何回負けるつもり～？
『お』をつけるのもダメっ！」

「そっかぁぁぁ」

「そこのおふたりさん。楽しそうだねえ」
話しかけてきたのは、〝しり鳥〟さんです。
「おつかいにきたんだよぉ」
「ほぉ。何をたのまれているんでえ？」
その質問にふたりはピタリとかたまりました。
そう。ふたりは、何を買うかも聞かずに出発してしまったのです。

「あぁぁぁぁぁ！
ぺんたたち、何を買えばいいのぉぉぉ!?」

「それなら、わしとゲームをしないかい？
ゲームをクリアできたら、
わが家に伝わる**おいものレシピ**を
教えてやるぜえ？」

「おいものレシピぃぃ？
それじゃあ、
よろこんでぇぇぇ」

「ちょ、ちょっとぺんた。そんな勝手(かって)に〜っ！」

こうして、しり鳥(とり)さんのしりとりゲームに
いどむことになったのでした。

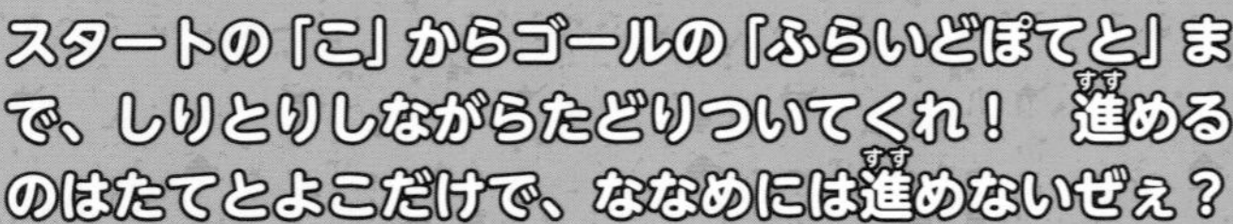

スタートの「こ」からゴールの「ふらいどぽてと」まで、しりとりしながらたどりついてくれ！　進める(すす)のはたてとよこだけで、ななめには進め(すす)ないぜぇ？

スタート

っ	ね	ぎ	は	の	こ
あ	た	ば	か	も	ろ
み	す	か	せ	ん	も
そ	り	る	す	た	く
し	な	い	た	く	き
ま	ら	ど	ん	ね	つ

こたえは107ページ

「よ〜し、できたぁぁぁ‼」

見事クリアしたぺんたと小春は大喜び！

「ふたりとも、ちいせえのにやるなぁ？
ほら、約束のレシピだ。持っていきな」

「しり鳥さん、ありがとぉぉぉ。
また遊ぼうねえ！」
こうしてしり鳥さんから、
『フライドポテト』の
レシピを教わったふたりは、
まちまでの道のりを
歩きはじめました。
「……あれ？」

小春がいへんに気づいたのは、製作所の近くに立つ大きな木のそばを通りすぎたときでした。

「ねえ、ここってさっきも通ったよね？」

「そうだっけぇぇぇ？」

ぺんたはまったく気づいていませんが、
ふたりが大きな木を通りすぎるのは
これで3回目のことでした。

さて、ふたりの身にいったい何が
起きているのでしょうか？

『メ〜〜イロ』

ふしぎがる小春のうしろから聞こえたのは、
さらにふしぎななき声でした。

「そこにいるのは、だ〜れ？」
ふたりが声のするほうをふり向くと、
そこにあったのは、もふもふの白いかたまり。

「わたがしだぁぁぁぁ！」

ぺんたにはその白いかたまりが
だいすきな「わたがし」に
見えたのです。
ぺんたが飛びつくと、
白いかたまりから

顔がむくっと出てきて、
ぺんたに言うのでした。

「わたくしは
〝ひつじの魔女〟。
勝手ながら、あなたがたを
『メ～イロ』にご招待したざます」

ふたりが同じ道を何度も通っていたのは、
ひつじの魔女のしわざだったのです。

「『メ～イロ』をクリアしなければこの先には進めませんことよ！」

深い森の中をかきわけて、ゴールにたどりつくざます！　障害物でふさがれている道は通ることができませんので、さけていくざますよ。
スタート

こたえは107ページ

「わたくしの『メ～イロ』を
かんたんにくぐりぬけるなんて、
信じがたいざます……。
くやしいけれど、これを
おわたしするしかございません。
メ～インディッシュの
レシピですことよ」

そう言ってひつじの魔女が
ふたりにわたしたのは、
『ハンバーグ』のレシピでした。

「製作所のみんながよろこぶねぇぇ！」

ぺんたは、みんなで食べるごはんがますます楽しみになりました。

ところが、小春はあることが気がかりになってきました。

「ねえ、しょちょーがいつも
〝おやさいも食べなさい！〟
って言ってるよね？」
「うん、たしかにぃぃぃ！」
「でも、おやさいのメニューが
『フライドポテト』しかないよ……」
「うん、たしかにぃぃぃ……」
ふたりは、すっかりこまりはててしまいました。

「おや、おやあ？　どうしよう……」
そのとき、何やらふたりの気持ちが
もれたかのような声が聞こえてきました。
「やっぱり見当たらねえ！」
声のするほうに顔を向けると、そこにいたのは
農家の〝おやサイ〟さん。

「おやサイさん、どうしたのぉぉぉ？」
それどころではないはずのぺんたですが、あまりのこまり顔に、たまらず声をかけました。
すると、おやサイさんは言うのです。
「あのねえ、持ちものをなくしてしまってね。
だサイったらありゃしない。
外にあるかもしれないと出てきたが、
やはり家の中にあるのかねぇ」

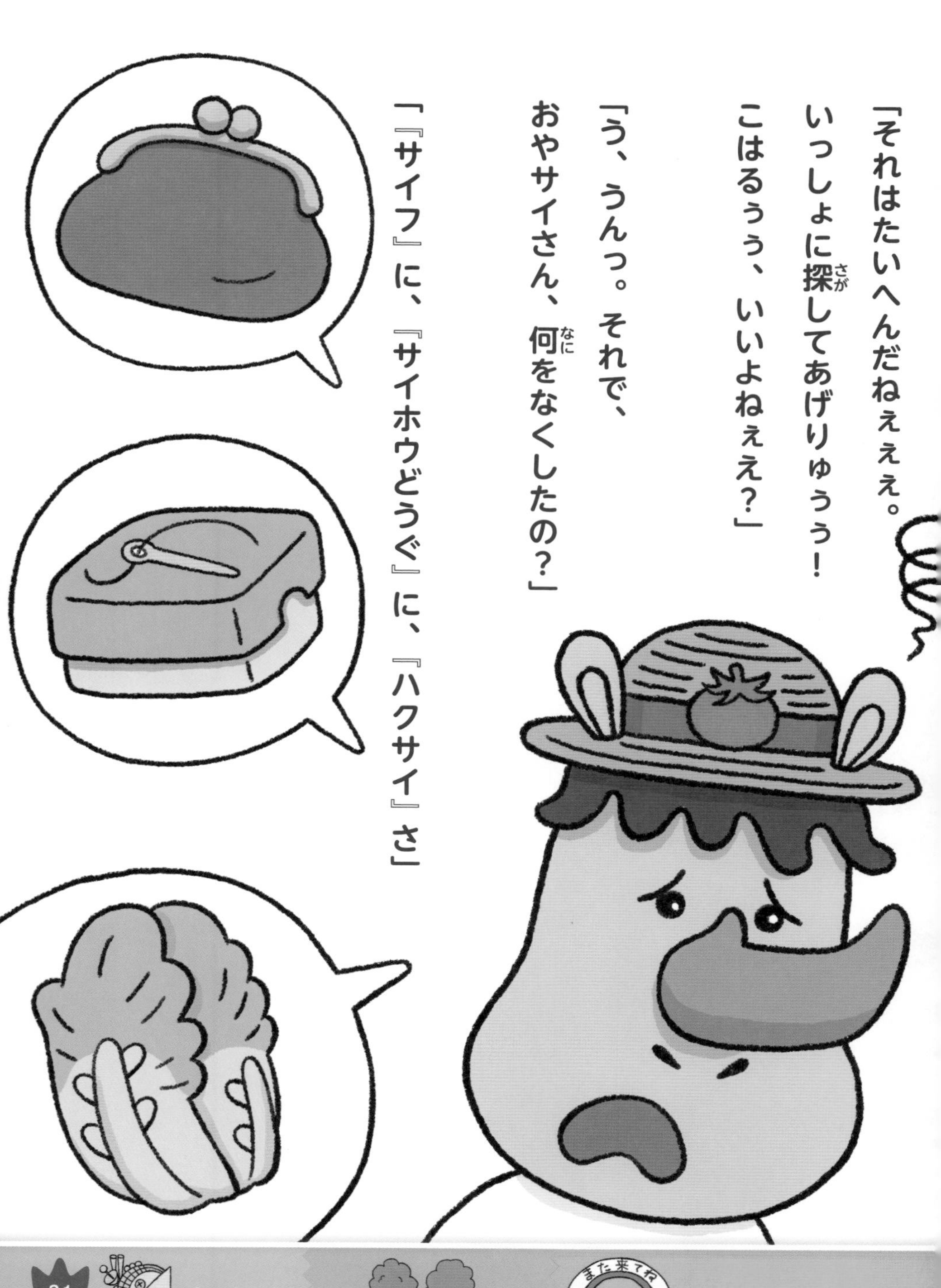

「それはたいへんだねぇぇぇ。
いっしょに探してあげりゅぅぅ！
こはるぅぅ、いいよねぇぇぇ？」

「う、うんっ。それで、
おやサイさん、何をなくしたの？」

「『サイフ』に、『サイホウどうぐ』に、『ハクサイ』さ」

散らかり放題でごめんねぇ。この家のどこかでなくしたはずなんだけど、自分じゃ見つけられねぇんだぁ……。いっしょに探してくだサ～イ！

これを探してくだサーイ

こたえは107ページ

「ふたりはてんサイだね！」
無事（ぶじ）に見（み）つかってよかった！
って、ふたりとも、そんな場合（ばあい）!?
「そうだぁぁ。おやさいのレシピぃぃ！」
「おやおや？　なになに？
おやさいのレシピにこまってる？
それなら、ぼくにおまかせくだサイよ」
おやサイさんは、ふたりにメモをわたしました。

「ぺんた、『やさいのクリームスープ』だって〜！
おいしそうだし、おなかにやさしそうだねっ！」

「え〜、やさしいのぉぉ？
クリームスープってせいかくいいんだねぇ！」

とまあ、ぺんたは大ボケをかましておりますが、
レシピもそろったし、食材を買わなくちゃ！

ほら、どんなものでも手に入るとうわさの
「ぺんぎん商店街」はすぐそこですよ！

地図を見ながら、お肉屋さん→八百屋さん→牛乳屋さんの順に通ってゴールにたどりつく道を探すよぉ。同じ道は一度しか通れないんだってぇぇぇ。

こたえは107ページ

ここはぺんぎん商店街。なんでも手に入るとあって、たくさんの動物たちでにぎわう場所です。

ぺんたと小春ははぐれないように、手をつないで歩きました。

「だいじなレシピもはぐれないようにねぇぇ」

つないだ手に、レシピをしのばせます。

しかし、ここで事件が起きてしまいました。きっかけは、「ドスン！」という大きな音。

『ああああああ！』

ぺんたと小春のさけび声が
商店街にひびきわたりました。

商店街を歩くおとなの動物にぶつかり、
ふたりの手が引きさかれてしまったのです。

それだけならまだしも、
ふたりがにぎりしめていたレシピが
ビリビリにやぶけてしまったようで……。

やぶれたレシピに、小春はカンカンです。

「ぺんたがよそ見するからっ！」

「そんなぁ。こはるぅぅ、こわい顔しないでぇぇぇ」

小春におこられて、たじたじになるぺんた。

その様子を見ていた〝クモのだんな〟が

見かねてふたりに声をかけてきました。

「どうしたんだい？」

「クモさーん、あのねぇぇ、
かくかくしかじかでぇぇぇぇ」
わけを聞いたクモのだんなは
やぶれたレシピを見て言いました。
「おい、これならもとにもどせるぜ？」
クモのだんないわく、
レシピをきれいにならべれば、
ご自まんの糸でくっつけられると
言うのです。

上の㋐〜㋚の部分にあてはまるピースを、下の①〜⑪から選ぼう！　ピースをはめて絵をもとにもどせたら、糸でちゃちゃっと直してやるぜ！

こたえは107ページ

「クモさんありがとうぅぅ！」
レシピはもと通り。それを見て、
小春もすっかり落ちついたようです。
「おやすいご用だぜ。ふたりの心も
もと通りになって何よりだ」
なんて男前なクモでしょう。
クモのだんなはそんなカッコいい
セリフを言い残して、
ふたりのもとから去っていきました。

ぺんたと小春は見つめあって、
そして、はずかしそうに笑いあいました。

さあ、気を取り直して
買いものにもどりましょう！
ぺんたと小春〜、
製作所のみんなが
待ちくたびれておりますよ！

「おにくやさぁぁん、
おにくをくーださぁぁぁあい！」

元気なぺんたを出むかえたのは、
お肉屋さんなのに「魚」の
〝うなぎさん〟と〝なまずさん〟。
ふたりはそっくりな見た目で、
すぐには見分けがつきません。

「へいらっしゃい！
お肉言うても
いろいろあるけど、
何つくるんや？」

小春はレシピを見ながら言いました。

「うなぎさん。ハンバーグ用のお肉を、
所長に博士、所員が4人……
ぺんたとわたしの8人分くださる？」

「俺はうなぎやのうて、なまずやで。
まあ、よくまちがえられるから
気にしてへんけどな！」

なまずさんは、
ガハガハと笑って言いました。

「で、君らな、
この店の名物
『まちがい探しゲーム』で
見事正解できたら、
サービスしたるけど、どうや？
まちがい探しはふしぎでな、
まちがいが正解になるんや。すごいやろ〜？」

「こはるぅ～、どうする～？
ぺんたたち、いそいでるけどぉぉぉ？」
そう言って、となりにいる小春を見ると……
すっかり、もえているではありませんか！
「ぺんた。〝サービス〟と聞いて、
やらないわけにはいかないでしょっ！」
小春の気迫に負けて、ふたりは
ゲームに参加することになったのです。

左右の水辺のイラストを見て、ちがうところを見つけて〜な〜！　まちがいは全部で12こあるから、よーくかんさつするんやで〜。

こたえは107ページ

「わかいのに、やるやん！」
うなぎさんとなまずさんは大喜び！
だけど、小春はまじめな顔でたずねます。
「それで、お肉はいくらになるのっ？」
「大サービス！　全部で、２２１円や」
２２１円と聞いて、小春は大はしゃぎ！
５０００円札をおサイフから取り出し、
うなぎさんとなまずさんにわたしました。

「ほなこれおつりな。おおきに〜」
小春(こはる)たちのおサイフは、
おつりでぱんぱんになりました。
ぺんたも「おさいふが太(ふと)った」とうれしそう！

「で、お次はどこへ行くんや？」
お肉をリュックにしまいながら、
ぺんたと小春は答えました。

「つぎはぁぁ、やおやさん！」

「おお、それならあっちやな！
気をつけていきや〜！」

ふたりはお肉屋さんと別れ、
八百屋さんへの道を歩きはじめました。

順調に見えた「おつかい」ですが、
この八百屋さんがひとくせも
ふたくせもあるお店だなんて、
このときのぺんたと小春は知るよしもなく……。

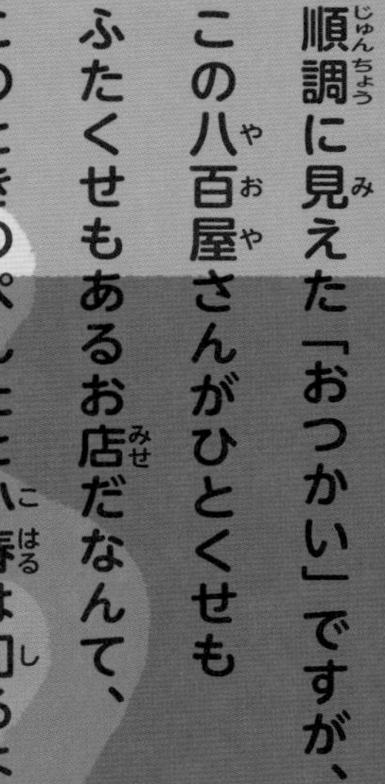

「せまいやしっら～い。せまいやしっら～い」
八百屋の前で聞きなじみのない言葉が聞こえます。
声の主は「やおや ひっくりかえる」の
〝かえるの店主〟のようです。

「かえるさぁん。じゃがいもとほうれん草とぉぉ、
きのことぉぉ、ブロッコリー、くーださぁぁい」

「たっまこしか！　ぬさたわはでだた」

「えぇぇ？　かえるさん、なんて言ってるのぉぉ？」

ふしぎがるぺんたをよそに
小春は、かえるの店主の言葉を
思い返してひらめきました。

「言葉が全部反対なのかも……？」

「はんたいぃぃぃ？
どういうことぉぉぉ？」
「あのね、『せまいやしっら〜い』は
逆から読むと、『いらっしゃいませ』
になるでしょっ⁉」
小春の言葉を聞いたかえるの店主は、
うれしそうな顔をしながら言いました。
「いだうどはれこらなれそ？
ヨるげあてっうをいさやらたれらえたこ！」

「えっと、なになに？
『それならこれはどうだい？
こたえられたらやさいを
うってあげるヨ！』だって！」

小春はかえるの店主のさかさ言葉を
なんとか解読しました。
しかしそれは、
ゲームへの挑戦状だったのです！

「えぇぇぇぇ、
ぺんたにわかるかなぁぁぁ？」

わたしからのメッセージを解読して、左ページの空いたマスをうめてみてヨ！　知って得する、とっておきのおやさいちしきが学べるヨ！

かえるの店主からのメッセージ

どなつまこやうそんれうほ
でかなのいさやのもは
をのもいこがろいりどみ
よういとなおあ
だんなりぷったうよいえ

正しく書き直してみよう

ほ
ん
こ
な

も
さ
の

み
ろ
い
の

な
う

え
っ
な

太ワクのマスを右から読むと
ある言葉になるみたい！

こたえは108ページ

問題をとかれたかえるさんは、
「わたしまけましたワ！」
と言って、ひっくりかえりました。

「……あれぇぇぇ？」

自分にもわかる言葉を話すかえるさんに、
ぺんたは首をかしげます。

「ぺんた、これはね、反対から読んでも
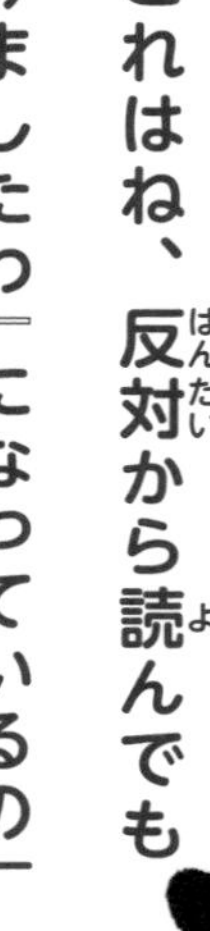
『ワたしまけましたわ』になっているの」

小春はかえるさんの言葉にかくされた
ひみつを教えてあげました。

「へぇぇ、言葉って
おくがふかいんだねぇぇぇ！」

「さぁ、おやさいはおいくらですかっ？」

かえるさんがなかなか目をさまさないので、小春はおたまじゃくしの子どもたちにそうたずねました。

だけど、２匹の子どもたちはこまったように首をふるばかり……。

どうやら、おたまじゃくしの子どもたちはお金の計算ができないようです。

「こはるぅぅ、
どうしよぉぉぉ……」

小春は「うーん」となやみながら、
おやさいと、値札を見つめました。

「わたしが計算してみるっ！
ほしいのは『ほうれん草』と
『ブロッコリー』と『きのこ』、
それから『じゃがいも』ね！」

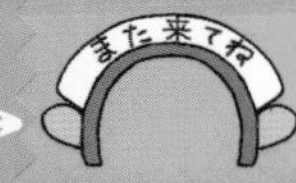

ふたりが買いに来たおやさいはなんだったかなぁ？ほしいものを選んでいくらはらえばいいか、いっしょに考えてほしいよぉ〜！

きゃべつ１こ
128円

ほうれん草
１パック
178円

じゃがいも
１ふくろ
187円

トマト１こ
96円

きゅうり１本
72円

ブロッコリー
１こ
142円

きのこ１パック
120円

ほうれん草１パック、ブロッコリー１こ、きのこ１パック、じゃがいも１ふくろを買わなくちゃ！

いっしょに書きこみながら考えてね！

買いたいのは…

ほうれん草 [　　] 円　ブロッコリー [　　] 円

きのこ [　　] 円　じゃがいも [　　] 円

⇩

4つ合わせて [　　] 円になるよ。

おサイフのなかに入っているお金で、
ぴったりはらえそうよ！

おつりが出ないようにしはらうには、どのお金をわたせばいいかな？　○をつけてみよう！

1000　1000　1000　1000

500　100　100

50　10　10

五円　1　1　1　1

こたえは108ページ

あとは、クリームスープをつくるのに
必要な「牛乳」を買わないと！

牛乳屋さんに向かうと、お店の前に
〝めウシのママさん〟が立っていました。
ぺんたは元気いっぱい声をかけます。

「ぎゅうにゅうぅ、くーださーい！」

「モー何？　ちょっと今、
それどころじゃありませんから！」

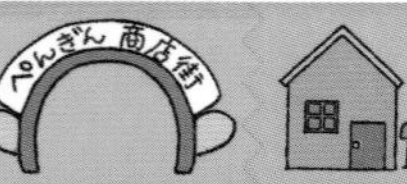

ママさんの言葉に、ぺんたはびっくり！

「めウシのママさん。どうしたのぉぉ？」

「ウチの坊やのお友だちが
かくれんぼする、と言ったきり
見つからなくなってしまったの。
モー、いったいどこへ行ったの？
いっしょに探してくださらない？」

ぺんたと小春は、「もちろん！」と
首をたてにふりました。

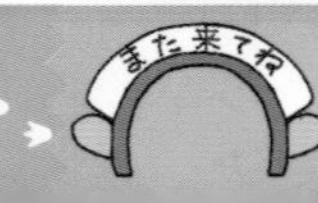

「モーれつにうれしいわ。ありがとう。
手がかりになりそうな情報はね……」

● いなくなったのは、
さるさん、こあらさん、うさぎさん
● みんな、なぜか全身黒い服を着ていた
● かくれんぼがはじまってから体が重くなった

ふたりはママさんのヒントをたよりに
さっそく探しはじめましたが、
なかなか見つかりません。

すると、ふしぎなことに、
めウシのママさんの体から
クスクスと笑い声が
聞こえてきました。

「黒い服を着ていた……。
そして、体が重い……。
あ―――！　わかったわ！
ママさんの体の模様にかくれているのよ！」

小春は、ママさんの体を
見て言いました。

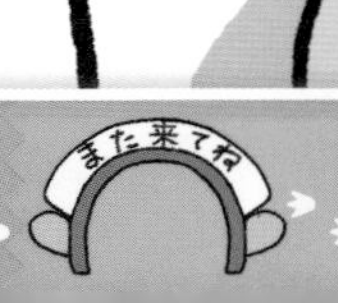

わたしの体の模様をよ〜く見てね。さるさん、こあらさん、うさぎさんはどこにいるかしら？　見つけてくださると、モーレツに助かるわ！

こたえは108ページ

「見つけてくれてどうもありがとう。
自分の体にかくれていたのに、
気づかないなんて……モ――はずかしい！
お礼に、牛乳をたっぷりお売りするわ」
そう言って、めウシのママさんは
しぼりたての牛乳を分けてくれました。
「やった！　おいくらですか？」
「お安くするわ。
６５０円よ」

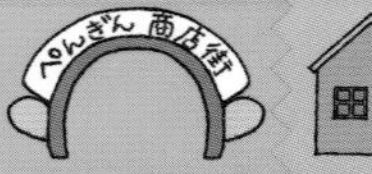

牛乳は650円よ。はい、1000円いただくわね。
……あら？　おつりはいくらわたせばいいのかしら？

牛乳５本で650円。
ぺんたと小春は1000円
しはらったよ。

ママさんにいくらおつりをもらえばいいかな？
○をつけてママさんに教えてあげよう！

おサイフが重くならないように、おつりの
数はできるだけ少なくしたいな！

こたえは108ページ

おつりを受けとったふたりは、
最後の食材、「牛乳」をゲット！

さぁ、ふたりの帰りを待ちわびている
製作所のみんなのもとへ帰りましょう！

と言っている矢先に……あれ、ぺんた？

「……なんだかあまいにおいがするぅぅ」

ぺんたはにおいがするほうへ
フラフラと歩きだしました。

どうやらにおいは、
牛乳屋さんの近くにある
「フルーツ屋さん」から
ただよってくるようです。

「メロンに、いちごに、バナナ。
まるで天国みたいだねぇぇぇ！」

「オーゥ。ドウスレバ……」

ところが、フルーツ屋さんから
こまりはてた声が聞こえてきて……。

「どうしたんですかぁぁぁ？」

ぺんたはたまらず声をかけます。
ふり返ったのは、ペリカン鳥の
〝アペリカン〟さん。

「ワタシハ　アメリカカラ、
ヤッテキマシタ。トコロガ……」

アペリカンさんは、アメリカから
はるばるフルーツを買いにきたものの、
日本語がわからず、こまっているようです。

アペリカンさんは、ぺんたに質問(しつもん)します。

「アップルハ、
ニホンゴデ ナントイイマスカ？」

「えぇぇぇ？ 英語(えいご)おぉぉ？」

「グレープハ、ピーチハ、
ナントイイマスカ〜〜？」

ニホンゴ
ワーカリマセーン

フルーツノコト、
ニホンゴデ ナント イイマスカ？
タダシイホウヲ エランデ、オシエテ クダサイ！

・apple（アップル）
・peach（ピーチ）
・grape（グレイプ）
・strawberry（ストロベリー）
・cherry（チェリー）
ガ ホシイ デース！

peach（ピーチ）
ハ ドッチデスカ？

もも

かき

apple（アップル）
ハ ドッチデスカ？

ばなな

りんご

×

×

×

grape（グレイプ）
ハ　ドッチデスカ？
きうい
ぶどう
strawberry
（ストロベリー）
ハ　ドッチデスカ？
すいか
いちご
cherry（チェリー）
ハ　ドッチデスカ？
さくらんぼ
くり
グッド！

こたえは109ページ

「ペンタサン、センキュウ！
オレイヲ シタイケド ヤクソクガ……。
マタ キット アイマショウ!!」

アペリカンさんは、そう言って
大きなつばさで飛び去りました。
ぺんたはこまっている人のチカラになれて、
心がじんわりあったかくなりました。

「も～ぺんた～。やっと見つけた～!!」

そこへ、怒り顔の小春がやってきました。

「急にいなくなって！　心配したでしょっ」
急に走り出したぺんたを、
小春はずいぶん探したようです。
ぺんたをかべに追いつめて責めたてます。

「かりかりしないでぇぇ、こはるぅぅぅ。
とうぶんが足りないんじゃないぃぃ？」

「と、とうぶん？　……あーっ、デザート！」

そのひと言で、小春はデザートを買いわすれていたことに気づきました。

「デザートならあの橋の先にある、
ケーキ屋がおすすめだよ。
トッピングにウチのフルーツを
使っていて、すっごくおいしいんだ」

ふたりのやりとりを見ていた
フルーツ屋の店主が話しかけてきました。

「ぺんた、いくわよ」

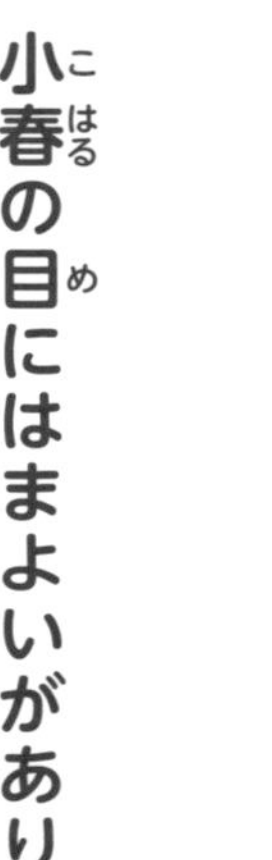

小春の目にはまよいがありません。
さぁ、ケーキ屋に向かいましょう!

「きゃ〜、あまくていい香り！」
ケーキ屋のとびらを開けると、
そこにはいちごのケーキに、
モンブラン、
キラキラ光るゼリーなど、
ゆめのような世界が
広がっておりました。

小春は、ひとつのケーキに
目をうばれました。
いちごがたっぷり乗った、
まんまるのケーキです。

「わたし、これがいい！」

小春の言葉にぺんたは大賛成！

でも、ぺんたには
ひとつ心配ごとがありました。

「こはるぅぅ。このケーキ、
ぺんたも食べられるよねぇ？」

ぺんたが不安になったのは、ケーキを小春がひとりじめするんじゃないかということ。

「もちろん！　みんなで
食べたほうがおいしいもの！」

「やったぁ！　でも、
どうやって分けるのぉぉ？」

ケーキの数が全部で８つになるように、ケーキに線を引いてみてね！　同じ大きさで、等しく切り分けられるかな？

まずはここを
こうして切って…

うーむ

こたえは109ページ

「こはる、て～んさ～いぃぃぃ！」
自分もケーキが食べられると
わかったぺんたは大喜び。
もうやり残したことはありません。
さぁ、製作所へ帰りましょう。

ぺんたと小春！　帰るまでが
おつかいだから、気をつけて！

……と言っておりましたら、
やはり事件は起きてしまうのでした。

それは、商店街のそばの、
森の中でのこと。
木のかげから、
なにやらあやしい視線が
ぺんたと小春を見つめております。

（ちょっとずつ、ちょっとずつ……
ばれないようにとらなくちゃ……）

「ぺんた、力もちになったかもぉ。
なんだかリュックがかるいよぉぉぉ」

そのとき、〝どろぼうネズミのチュー太郎〟が
ぺんたと小春のそばを走り去っていきました。
背中のカゴには、ふたりが買った食材が！

「ちがうわ、ぺんた。
リュックがからっぽだからよ！」

ふたりは、その場で泣きくずれて
しまいました。
しかし、ぺんたは地面についていた
〝あるもの〟の存在に気がつきました。
チュー太郎の、足あとです！

ふたりは、みんなのごはんを取り返すため、
急いで足あとを追いかけることにしました。

オイラとしたことが、足(あし)あとを残(のこ)しちまった！　追(お)いかけてこられたら、家(いえ)の場所(ばしょ)がばれちまう……。サイフは返(かえ)すから食材(しょくざい)はあきらめてほしいなぁ。

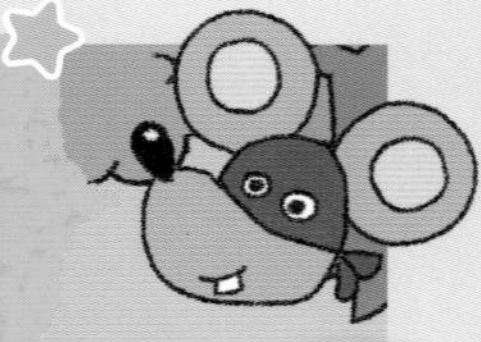

スタート

こたえは109ページ

足あとは、ちいさなおうちに
続いておりました。
どうやらここに、
チュー太郎の家族が
住んでいるようです。

ぺんたは、
ちいさな家の
ちいさなまどから
中の様子を
のぞきました。

そしてしばらくすると、
なぜか小春の手を
ひっぱりました。

「ぺんた、どうしたの？
ごはんはっ？　ケーキは⁉」

「うん。こはる、かえろう」

ぺんたはきっぱりと言って、
ふたたび小春の手をしっかりにぎり
製作所への道を歩きはじめるのでした。

製作所のみんなのために集めたのに、
ぺんたはどうしたのでしょう？

しばらくして、
ぺんたは重い口をひらきました。

「こはる。あのねぇ、しょくざいは
ネズミさんにぷれぜんとしたいのぉ。
おいしそうにたべてたから」

ぺんたの言葉を聞いて、小春はうなずきました。

「製作所のみんなには、いっしょにあやまろっか！」

小春のやさしい言葉に、ぺんたは
いつかぜったいにおいしいケーキを
小春にごちそうしようと思いました。

「こはるぅぅ、じゃあ帰り道も
ゲームしながら帰ろぉぉ」

こうしてふたりは、なかよく製作所へ帰りました。

それぞれのワクの中で、決められたぺんたと小春の顔を線でつなげてねぇ！　全部つないで右上から順に読むと、ある言葉になるんだよぉぉ。

このぺんたを
つないでみよう！

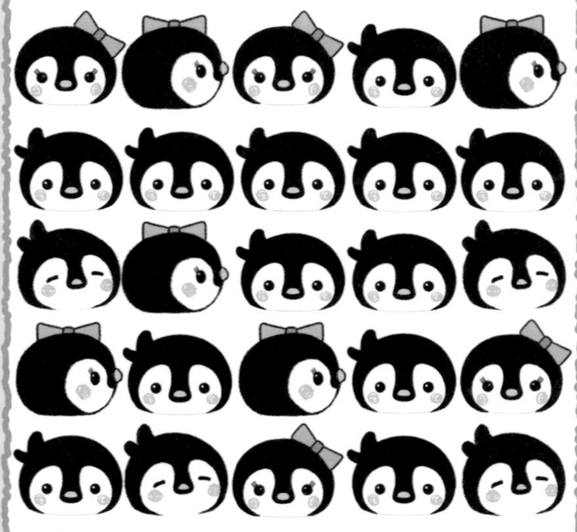

この小春を
つないでみよう！

このぺんたを
つないでみよう！

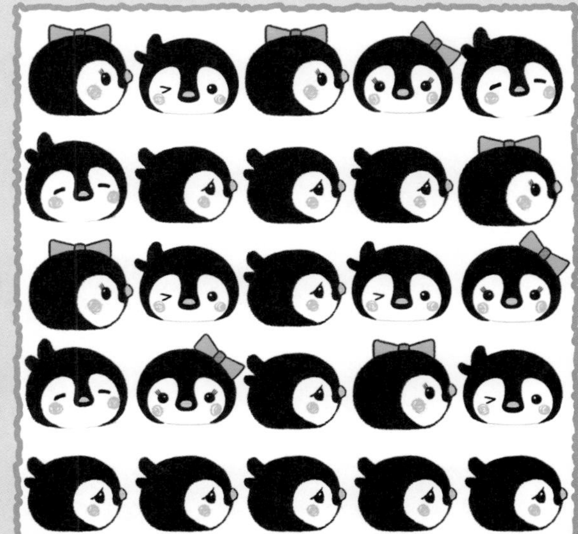

この小春を
つないでみよう！

◆ つないだら
どんな言葉になる？

こたえは109ページ

製作所の前では、みんながふたりの帰りを
今か今かと待っておりました。
しょんぼりしながら帰ってきた
ぺんたと小春に、所長が声をかけます。

「元気がないね。どうしたの？」

ぺんたと小春は
たくさんの思い出とともに、
食材をプレゼントしたことを
正直に所長に話しました。
すると所長は、涙をこぼしました。

「しょちょー、ごめんねぇぇ。
おなかすいたよねぇぇ？」
「ちがうんだ。うれしいんだよ。
おなかはいっぱいに
ならなかったけど、
ぼくは今、心がいっぱいなんだ！」
所員もみーんな、泣いているような
笑っているようなふしぎな顔に……。
とにかくうれしそうなみんなを見て、
ぺんたと小春も「心」がいっぱいになりました。

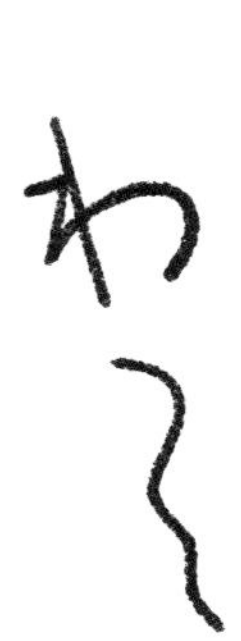

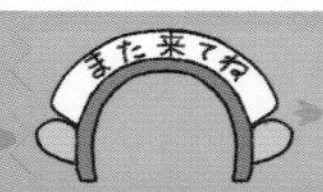

バサバサバサ

大きな羽ばたきが聞こえてきたのは、
そのときでした。

「ペンタサーン！
オレイヲシニ キマシタ！」

ぺんたが空を見上げると、
そこにいたのは大きな包みを
持ったアペリカンさん！

「ヨカッタラ、タベテクダサーイ！」
包みの中に入っていたのは、
特大のハンバーガー！
ぺんたのわたした「やさしさ」が、
「やさしさ」で返ってきたのです！

『いっただきま〜〜す！』

この日食べたごはんは、ぺんたがこれまで食べた
どんなものよりおいしかったと言います。

ぺんたからの挑戦状
右のぺんたと小春はどこにいるかな？
探してみてぇぇぇ！
Cafe
Cafe
だがしや
アイス
しり
とり
やおや
花屋
パンや
こたえは109ページ

どうだった～？

おつかれさまっ！

ゲームの答え合わせをしよう

36 ～ 37

42 ～ 43

あ→3　い→10　う→7　え→9
お→11　か→5　き→2　く→1
け→8　こ→4　さ→6

16 ～ 17

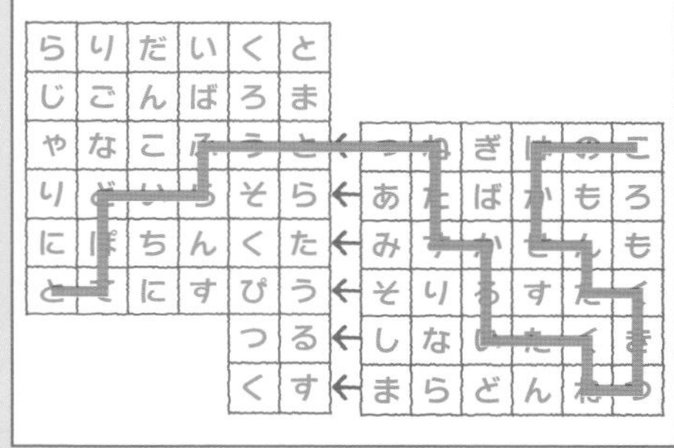

このは→はかせ→せんたくき→きつね
→ねくたい→いるか→かすたねっと
→とうふ→ふらいどぽてと

24 ～ 25

32 ～ 33

60 ~ 61

ほうれんそうやこまつななど
はものやさいのなかで
みどりいろがこいものを
あおなというよ
えいようたっぷりなんだ

右から読むと

まいどあり

おつりは **350** 円になるよ。

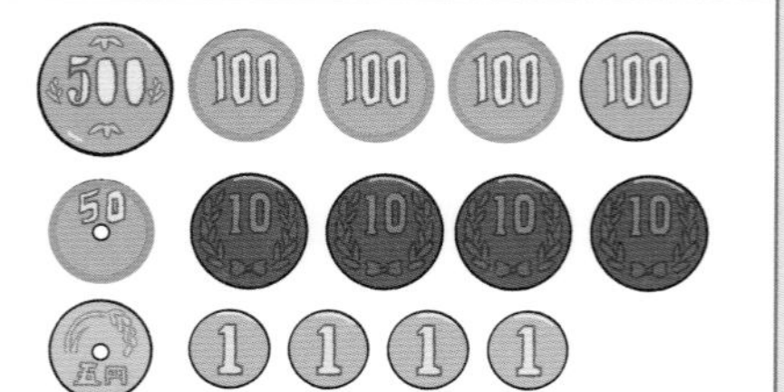

4つ合わせて **627** 円になるよ。

みぎうえ
右上から
よ
読むと

オ カ エ リ

106

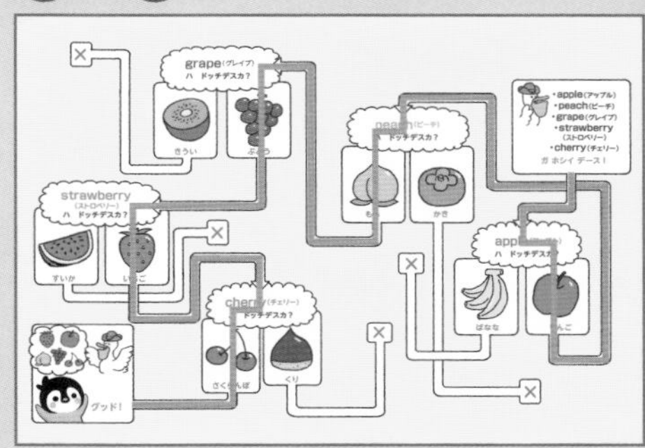

ペンギン飛行機製作所

penguin airplane factory

「暮らしの“不都合”を“うれしい”に変える」を合い言葉に、暮らしにまつわるさまざまな記事を製作。また、皇帝ペンギンのヒナで、寝ぐせがトレードマークの「ぺんた」とピンクのリボンがかわいい「小春」の本やグッズを製作している。ぺんたと小春の日常をつづる絵本のようなインスタグラム「ペンスタグラム」は、「いやされる！」と人気を呼んでいる。ぺんたは、2005年にアカデミー賞の長編ドキュメンタリー賞を獲得した映画「皇帝ペンギン」の第二弾、「皇帝ペンギン　ただいま」の公式キャラクターもつとめた。

●公式サイト
https://penguin-hikoki.com

●公式ツイッター
https://twitter.com/penguinhikoki

●公式インスタグラム「ペンスタグラム」
https://www.instagram.com/penguinhikoki

●公式フェイスブック
https://www.facebook.com/penguinhikoi

●ぺんたが勝手にはじめた非公式ツイッター
https://twitter.com/tobitaipenta

ペンギン飛行機製作所の本

自由研究が
これ一冊で、
できる！

ペンギンは
空を飛べない……。
でも海を飛べる！

55種のいきものたちに聞く
「できないこと」と、そのかわりに
手に入れた「とくいなこと」。
勇気がわく「逆転の進化論」！

できなくたっていいじゃないか！

あきらめた　いきもの事典

監修：佐藤克文（東京大学大気海洋研究所 教授）
製作：ペンギン飛行機製作所

定価：本体価格　1,100円＋税
ISBN978-4-7631-3707-4　C8045

フルカラー、
全ページ
イラスト入り！

定価：本体価格　1,100円＋税
ISBN978-4-7631-3707-4　C8045

テレビでもおなじみの
「皇帝ペンギン」のすべてが、
これ一冊でわかる！

皇帝ペンギンが生まれてから
大人になるまでを、
絵日記とイラストで解説！
文字が苦手なお子さんでも読みやすい！

世界一おもしろい
ペンギンのひみつ

もしもペンギンの赤ちゃんが
絵日記をかいたら

監修：上田一生
製作：ペンギン飛行機製作所

ぺんたと小春
はじめてのおつかい

2020年4月20日　初版印刷
2020年4月30日　初版発行

発行人　植木宣隆
発行所　株式会社サンマーク出版
〒169-0075
東京都新宿区高田馬場2-16-11
電話　03-5272-3166
印刷　共同印刷株式会社
製本　株式会社若林製本工場

定価はカバー、帯に表示してあります。
落丁、乱丁本はお取り替えいたします。
ISBN978-4-7631-3830-9 C8045
ホームページ　https://www.sunmark.co.jp

アペリカンさんは何色の
ぼうしをかぶってたっけぇ？
こたえは77ページをチェック！

カバー・本文デザイン・DTP
佐々木恵実（株式会社ダグハウス）
イラスト
喜多啓介(sugar)、ウシヤマアユミ(sugar)
さとうゆり(sugar)、山崎フミオ(sugar)
編集協力
株式会社スリーシーズン（朽木 彩、竹田知華）

ぺんたは、ひつじの魔女を
ある「おかし」と見まちがえたの。
何のおかしだったかしら？
こたえは22ページをチェック！

製作「ペンギン飛行機製作所」の所員たち

◎所長：黒川精一
◎所員：新井俊晴、池田るり子、岸田健児、
酒見亜光、浅川紗也加、荒井 聡、荒木 宰、
吉田 翼、戸田江美、はっとりみどり、
鈴木江実子、山守麻衣

JN069095

「気になる子」のとらえ方と対応がわかる本

保育に活かすシュタイナー治療教育

名古屋短期大学保育科教授
保育カウンセラー
山下直樹 著

秀和システム

はじめに

問題行動はメッセージ

みなさんこんにちは。本書を手に取っていただきありがとうございます。こうしてみなさんと向き合えることに感謝するとともに、出会いの必然性に思いをめぐらせます。

私は現在名古屋短期大学保育科の教員として保育者養成に携わりながら、様々な保育現場で心理臨床家（保育カウンセラー）として子ども、保育者、保護者のみなさんとかかわっています。私の職業アイデンティティは、保育カウンセラーであると思っています。

保育カウンセラーとして常に保育現場に携わりながら、様々な子どもたちとかかわっていると、彼らはいろいろなメッセージを発してくれていることに気づきます。そのメッセージを受け取ることができると、いかに「大変な」行動を示す子どもも次第に落ち着くようです。

◉サブローくんのこと

私が出会った、サブローくん（6歳　年長）のことをお話ししましょう。

サブローくんは、3人兄弟の末っ子で小さい頃から甘え上手な男の子です。診断はないですが、自分の思いをうまく言葉で表現できず幼稚園では友だちに手が出てしまうので、週に1回は担任の先生から電話がかかってきます。けれども家ではいつも明るく元気で、兄弟の中でもムードメーカー的な役割を果たしていますし、同時に気遣いもできるような性格だといいます。

両親もそんなサブローくんをほほえましく思いながら、愛情いっぱいに育てていたつもりだったのですが、あるとき、家族の財布からお金がなくなっていることに気づきます。お父さんやお母さん、それから2人の兄の財布からもお金がなくなっていたので、警察に連絡したほうがいいのかと悩んでいたのですが、どうやら「犯人」はサブローくんであるようでした。サブローくんは誰も起きていない早朝、早起きをして、家族の財布からいくらかお金を抜いていたことがわかりました。

お父さんもお母さんも驚き、また心配して、サブローくんに問いただそうとしたのですが、両親で話し合って、まずは幼稚園に勤務していた保育カウンセラーである私に相談することにしたのでした。

◉サブローくんの心の声を聴く

子どもは大人のように、言葉で自分の思いを表現しません。大人は子どものことを「小さな大人」のように扱いがちですから、何か問題が生じたときに、「どうしてそんなことをしたの、怒らないから言ってごらん」というように聞いてしまいます。子どもも大人からそう言われると、「だって、○○だったから」となんだかんだと理由をつけて言葉にします。

しかし、表面的に子どもが言葉にしたことを受け止めたとしても、問題は解決しないことが多いのです。子どもは複雑に絡み合った心の中に渦巻く思いを、言葉ではなく行動で表します。したがって、**私たち大人は、子どもたちが必死で伝えようしている思いを「聴く」必要があるのです。そして子どもが行動で表現する思いの多くは、「問題行動」である場合が多いのです。**つまりそれは、子どもが示した「問題行動」からその意味（メッセージ）を理解するということなのです。

サブローくんは、何を訴えようとしているのでしょうか。私は、子どもが何かを「盗ってしまう」ときは、空っぽの心を埋めようとしているのではないかといつも想像します。人は物やお金が手に入ると、ほんの刹那心が満たされます。それはほんの一瞬のことなのですが、その一瞬のために物を盗ってしまう人が後を絶ちません。

両親は、「自分たちはサブローに愛情を十分与えてきたのに……」と衝撃を隠せませんでした。しかし、子どもの「問題行動」に思いをはせるとき、子どもの目線でその行動の背景を想像することが大切なのです。

◉切り口はシュタイナーの治療教育

本書では、診断の有無によらず「発達や感覚がアンバランスな子」を「気になる子」としてとらえ、「気になる子」をいかに理解し、かかわっていくことができるのかについて考えます。

その切り口は、**シュタイナーの治療教育**です。

シュタイナー教育は、19世紀末から20世紀初頭にかけてヨーロッパを中心に始まり、今では全世界に1100を超える学校と幼児教育施設、さらに治療教育施設や病院、農場、銀行などなど多分野に広がり発展しています。日本においても、認可された学校が2校、無認可ではありますが、全日制の学校が全国に数校、さらに幼児教育施設は認可・無認可合わせて多数の施設がすでにあり、それぞれ独自の環境や方法でシュタイナー教育を実践しています。

シュタイナーの治療教育とは、シュタイナー教育をベースにした障がいのある子どもへの教育実践です。私はシュタイナーの治療教育の原点の1つであるSonnenhof（ゾンネンホーフ）という治療教育施設で学生時代を過ごしました。また、シュタイナー治療教育家でもあるので、本書ではシュタイナーの治療教育をベースにした子ども観を随所に示していきます。

シュタイナーの治療教育は、何か特別でわかりにくいものではなく、日々みなさんが目の前にしている子どもたちを理解し支援していくうえで、非常に有用であると同時に、現在の「新しい障がい観」[*1]と重なる部分も多くあります。ですから、本書で示す事例理解や支援などはすべて、シュタイナーの治療教育をベースにしながらも、世界共通の障がい観に基づいていると考えていただければと思います。

本書を通した、シュタイナーの治療教育的な子ども理解により、「困った」「大変だ」と感じられた子どもの、「輝やいた個性」に目を向けることができたと感じていただけましたら、著者として幸いです。

＊1　**新しい障がい観**：ICFによる新しい障がい観とは、障がいはマイノリティ（少数の特別な存在）ではなく、ユニバーサル（すべての人に共通）であるという考え方。第1章3節参照。

もくじ

第2章 「気になる子」の本質をとらえるアセスメント

第3章 「気になる子」の理解と対応のポイント

第4章 これだけは知っておきたい シュタイナーの治療教育

第5章 今日からできるシュタイナーの治療教育

第1章

「気になる子」を理解して適切な配慮をするために

1-1 今、保育現場で起きていること

保育カウンセラーとして保育園や幼稚園を訪問していると、今、保育現場には3つの大きなことが生じていると感じます。それは、①食物アレルギー、②貧困や虐待を中心とした家庭のこと、③発達障がいをはじめとする「気になる子」への対応についてです。

①食物アレルギーに関すること

アレルギーに関する問題は、子どもの命に直接かかわる問題ですから、各園で念入りな対応を迫られています。アレルギーのある子どもに対しての給食は、アレルゲンを含む食材を除去したものを特別に調理する園もあれば、個別対応を行う余裕がないため、アレルギーのある子どもが食べられるお弁当を家庭から持ってきてもらっている園もあるようです。

総務省の調査（2015年）によると、幼稚園や保育所において9割の園でアレルギーのある園児が在籍し、5割の園で何らかの事故が発生しているといいます（総務省報道資料　平成27年2月5日より）。このような状況ですから、文部科学省でも厚生労働省でもアレルギーに関するガイドラインを作成し、各園ではそれらに基づいて日々対応がなされています。（「保育所におけるアレルギー対応ガイドライン（2019年改訂版）」厚生労働省／平成31年4月、「学校給食における食物アレルギー対応指針」文部科学省／平成27年3月）

今、保育現場で起きていること

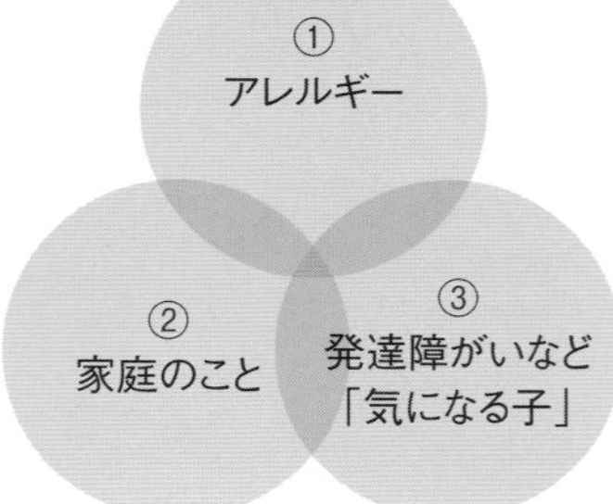

②貧困や虐待など家庭のこと

2つ目は、貧困や虐待などに関する家庭への対応です。貧困や虐待は家庭だけに問題があるのではなく、子育て支援システムの脆弱さや支援へのつながりにくさ、また雇用の問題など、構造的な問題を有しています。保育現場は子育て支援の最前線ですから、保育者は様々な背景を有している保護者と日々直接かかわる必要があります。

たとえば、ある保育所の園長先生は、「給食費やおやつ代は基本的には口座振替だが、引き落としができない場合は直接園が家庭に請求する。しかし何か月も支払っていただけない家庭があり、請求するのは園にとってかなり負担である」と言います。また、「子どもに傷があればその場で写真を撮り、家庭でできた傷なのか、園でできた傷なのかを保護者に確認する」と話します。

子どもの身体に傷が認められ、それが保護者によるものである場合、たとえ「虐待の疑い」であったとしても、児童相談所（児相）への通報義務があります。今は児相の動きも早く、園児が一時保護されることが多いのですが、「今後も園に休まず通わせるのであれば」ということで、早々に帰宅することも多いようです。

虐待が疑われ一時保護された園児も、帰宅した翌日からは何事もなかったように通園するため、園と保護者は関係性をよくしておく必要があります。園からの児相への通報により一時保護された場合、保護者は、「園の先生に話したため、子どもを児相に取られた」と保育者を恨んでいるなど保育者との関係が悪くなる場合もありますから、対応には注意が必要です。

愛知県福祉局資料（2020年）によると児童虐待相談対応件数、一時保護件数はともに年々増加しており、2019年度は、児童虐待相談対応件数は前年比27.8％増、一時保護件数も前年比20.6％増加しています。

愛知県における一時保護の実施件数

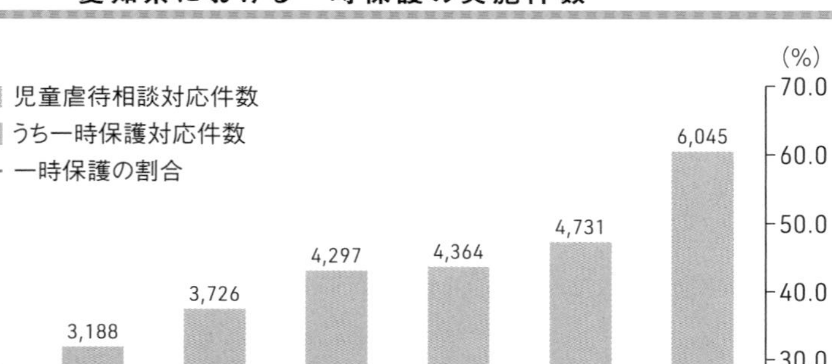

出典：「2019年度児童相談センター相談実績の概要及び児童虐待防止に関する取組の実施状況について」愛知県福祉局2020年5月29日報道資料

③発達障がいをはじめとする「気になる子」への対応

前述の2点に加えて、保育現場で最も対応に苦慮しているのが、発達障がいをはじめとする「気になる子」への対応です。文部科学省の調査（2012年）では、通常学級に在籍し、発達障がいの可能性のある子どもは、6.5%であるとされています。しかし、私が保育カウンセラーとして年間で延べ100園以上を訪問し、子どもたちの行動を見る限り、少なく見積もって10%、園によっては15～20%の子どもに何らかの配慮が必要であるように肌で感じています。

実際私が訪問しているある園では、3歳児以上が対象のリソースルーム[＊1]を設置していて、そこに登録している園児は10人です。園児数57人に対して配慮を要する園児の割合は17.5%になります。おおよそ6～7人に1人ですから、1クラスを25人とすると、各クラスに何らかの配慮を要する「気になる子」は4人ほど在籍していることが想定されます。

＊1　**リソースルーム：**米国のインクルーシブ教育で重要な役割を果たしている教育方法。米国のリソースルームでは、障がいのある子どもが通常学級に在籍しながら必要な時間、少人数での学習指導を受けることができる。日本の保育現場では、リソースルームを備えた園は少ない。

また、保育現場における「気になる子」への対応については、以下の困難も生じることがあります。

乳幼児期には診断がつきにくい

乳幼児期は「発達期」であり、子どもの「伸びしろ」が大きく診断がつかない場合もある。

対応は個別性が強い

同じ「自閉スペクトラム症」という診断でも、成育歴や環境により対応に違いが生じる。

保護者の子ども受容の問題

子どもの障がいや行動特徴を、「早生まれだから」「父親もそうだったから」などと様々な理由から、受け入れられないことも多い。

保育現場は子どもと保護者支援の最前線

「気になる子」と毎日接し、保護者とも毎日接する保育現場は「最前線」であるがゆえの負担が大きい。

1-2 障がいとは何か？

障がいとは、そもそもどんなことをいうのでしょうか？　ここでは、ベトナムのツーズー病院およびスイスで出会った子どもたちを紹介しながら、障がいとは何かについて考えます。

問いを持つことから始めよう

普段の生活の中では、障がいのある人と出会う機会が少ない人が多いと思います。

重い障がいのある方と出会うとき、私たちは「生きるとは何か」「人間とは何か」「障がいとは何か」という根源的な問いにぶつかります。なぜなら、障がいのある方は、私たちに生きることを問う強いメッセージを発してくれているからです。まずは、そんな話から始めましょう。

みなさんは、ベトナム戦争[＊1]についてご存じでしょうか？　ベトナム戦争では、その終盤でアメリカ軍がベトナムの熱帯雨林を枯らすために、人体にも影響のある枯葉剤を大量に散布しました。枯葉剤による被害を受け、多くの人が亡くなりましたが、今なおその影響により、障がいを持ちながら生まれてくる子どもたちがいます。

私の勤務する名古屋短期大学では毎年、枯葉剤の被害を受けて障がいを持って生まれてきた子どもたちの施設（ツーズー病院内の「平和村」という施設です）を訪問します。平和村で暮らす子どもたちと出会うと学生たちはまず顔がこわばります。フットボールのように大きく膨れた頭を持ち、そこにただ横たわり、うつろな目で壁を見つめている子ども。体を自由に動かすことができない子ども。

私たちは彼らを目の前にして何もすることができず、「生きるとは」「人間とは」「障がいとは」……など様々な感情を抱きます。私はそうした根源的な問いを持つことはとても大切で、「障がい」を理解するための出発点であると思います。

＊1　**ベトナム戦争：**ベトナムの南北統治をめぐる戦争（1955年～1975年）。南ベトナムはアメリカ、北ベトナムは旧ソ連の支援を受けていた。南ベトナムではアメリカ軍との戦いは熾烈を極め、ベトナムの熱帯雨林を枯らすためにアメリカ軍が「枯葉剤」を大量に散布した。1975年アメリカ軍が南ベトナムの首都サイゴンから撤退し、ベトナム戦争は終結した。

▼ベトナム・ホーチミン市にあるツーズー病院

▶枯葉剤の影響により「死産、流産になった子どもたち」。脳が未形成であったり、結合児であったりしている。「平和村」の一角にはそうした「生まれてくることができなかった子どもたち」が保管してあり、ベトナム戦争の被害を目の当たりにする。

トーマスのこと

もうひとつ、障がいとは何かを考える前に、「トーマスのこと」についてお話しします。私がスイスに留学している際に担当した子ども、トーマスについてです。

私は学生時代、大学の教育学部で「障害児教育」を学んでいました。今でいう特別支援教育です。日本の大学で学んでいた頃の学びは、知識を詰め込むことが主の「退屈な」授業に思えました。今でこそ、障がいのある子どもたちを理解するための最低限の基礎的な知識の重要性は理解できるのですが、当時若かった私には単に「退屈」と感じられる４年間でした。大学４年生の頃、進路を考え始めたとき、「もっと学びたい」という思いが強くなり、スイスにあるシュタイナーの治療教育を学ぶことができる大学に入学することを決めました。

その大学は、非常にユニークな教育カリキュラムでした。大学は広大な障がい児施設（Sonnenhof　ゾンネンホーフ）の中にあり、学生はその施設で実習をします。実習が約８割で授業が２割。大学の先生も学生も施設のすべての子どもたちのことをよく知っているので、授業ではゾンネンホーフで暮らす子どものことが頻繁に取り上げられます。

トーマスって障がい児？

あるとき、ゼミの先生がこんなことを言いました。

「トーマスは障がい児といえるのだろうか？」

先生の言葉をもとに授業では学生同士の議論が始まるのですが、私はこの先生の言葉に頭が真っ白になりました。トーマスは、私が実習で担当している15歳の子どもです。知的な遅れがあり、四肢が生まれつき不自由な脳性まひのある子どもです。

私は日本の大学で「障害児教育」を学び、教員免許も持っています。ですからトーマスのことを、「知的な遅れを伴い、脳性まひのある重度障がい児」としかとらえていませんでした。さらに私は「彼らのような障がい児を支援するために、健常者である私はスイスまでやってきたのだ」と、そう思っていたのです。つまり、トーマスに限らず、ゾンネンホーフで暮らすすべての子どもに対して、「あなたは障がい児、私は健常者」と無意識のうちに固定的に考えていたのだと思います。

ゼミの学生との議論の最後に、先生はこう言いました。

「どんな障がいを持った子どもも、その子どもの精神存在、その子どもの個性は全く健全であり続けているんだよ。子どもたちの本質、個性を私たちが愛情を持って、尊敬を持って見ることが、障がいを持つ子どもたちとかかわるときの基礎になるんだよ。トーマスは、身体的にも知的にも重い障がいを持っているように見えるかもしれないけどね、子どもたちはみんなその本質において、全く健全な存在なんだ」

私は再び頭の中が真っ白になり、その言葉をすぐには理解できませんでした。しかし、そのゼミの先生の言葉はなぜか心に残り、何度も何度も私はこの言葉を噛みしめるように繰り返しました。

「子どもたちの本質を愛情と尊敬を持って見る」ということ。そして、「子ども

たちはその本質において全く健全な存在である」ということ。

その後しばらく私の脳裏にこのことがずっと離れずにいました。そして、身体的な障がいだけにとらわれず、トーマスの本質を見ることの重要性を感じるようになりました。彼は「思い通りにならない体」を所有しているだけなのではないか。

つまり、「あなたは障がい児、私は健常者」ではなく、その本質を見るとトーマスは「障がい児」ではなく、「思い通りにならない体」と彼をとりまく環境により、「障がいを持つに至っている」と理解できるのです。

▼シュタイナー治療教育施設ゾンネンホーフの正門。子どもたちは奥に見える家々に分かれて家族のように暮らす。

▶ゾンネンホーフパンフレット。ゾンネンホーフは大聖堂に隣接している。街の中心部に位置して街の中に溶けこんでいる。

1-3 障がいのとらえ方の国際的な変化

ここでは「障がいとは何か」について、国際障害分類（ICIDH）から国際生活機能分類（ICF）への転換の意味を理解することにより、障がいの国際的な定義を学びましょう。

ICIDHからICFへ～「あなたは障がい者、私は健常者」では語れない障がい者観の変化～

私がスイス留学中に学んだシュタイナーの治療教育の根幹を一言でいうと、「子どもたちはその本質において全く健全な存在である」ということです。私はその大きな「宝物」を抱いて日本の障がい福祉の現場で働くこととなりました。

ちょうどその時期（1999年～2000年）、「障がい」のとらえ方が世界的な大転換を迎えていたことに、障がい児福祉の現場で働き始めていた私は気づきます。

それが**国際障害分類（ICIDH）から国際生活機能分類（ICF）への転換**です。ICFは端的にいうと「あなたは障がい者、私は健常者」では語れない障がい者観で、「障がいと健康（健常）は連続している」という考え方です。

国際障害分類（ICIDH）による障がいのとらえ方

世界保健機関（WHO）は1980年に**ICIDH**（International Classification of Impairments,Disabilities and Handicaps）を発表しました。ICIDHは障がいを「機能障がい」「能力障がい」「社会的不利」の3つに分類して示したモデルです（次ページ図を参照）。

病気や変調が原因となって機能障がいが起こり、それから能力障がいが生じ、それが社会的不利を起こすという考え方です。たとえば、下肢にまひがあるために機能障がいが生じ、歩けないこと（能力障がい）により車いすでの生活をしていることから、外出が思うようにできないとか就職できない（社会的不利）という状況になるというものです。

ICIDHはそれまで障がいの定義がなされてこなかった歴史からすると画期的なものでしたが、障がいのマイナス面だけに焦点を当てていることに違和感がありました。また、人々の考え方も徐々に変化してきたことから、ICIDHは見直されることになりました。

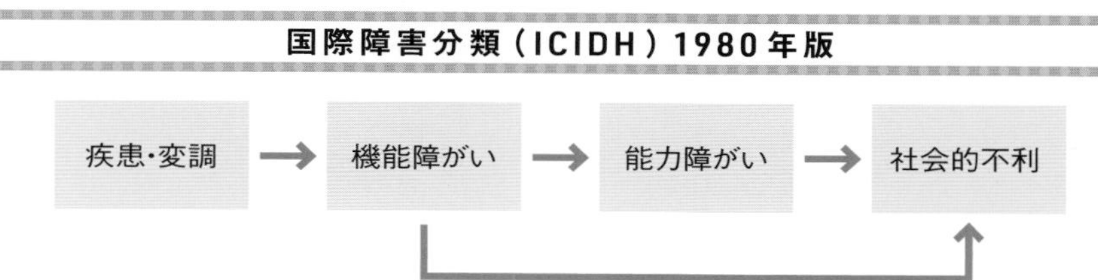

国際生活機能分類（ICF）による障がいのとらえ方

ICF（International Classification of Functioning,Disability and Health）は、障がいというマイナス面に焦点を当てるのではなく、人の生活全体を見ることに注目したといえます。どんなに重い障がいがあったとしても、人は障がいという不自由さだけを抱えて生きているのではなく、様々な生活の状況や背景がある中で生活を営んでいます。その人の健康状態はどうなのか、どんな日常生活を送ってきたのか、好みや考えがどうであるのかなど、その人の内面も含めた全体像に視点を置くようになったということができます。言い換えると、その人の本質に目を向けて理解しようということになったのです。

「心身機能・構造」は、目が不自由であるとか、手足にまひがあるなど、身体的な特徴をいいます。これはICIDHで示した「機能障がい」に当たりますが、ICFでは障がいはこれにより規定されるのではなく、むしろ「活動」や「参加」のレベルに規定されるのだというのです。先ほどの例になぞらえるならば、下肢にまひがあることが「障がい」なのではなく、活動や参加が制限されることが障がいにつながるのです。つまり下肢にまひがあり歩けないことが障がいではなく、車いすがないとか、車いすがあっても階段しかない（活動レベルの問題）とか、車いすの人は旅行に行けない、マラソン大会の参加資格がない（参加レベルの問題）など、環境要因が障がいに大きく影響しているととらえたのです。

国際生活機能分類（ICF）

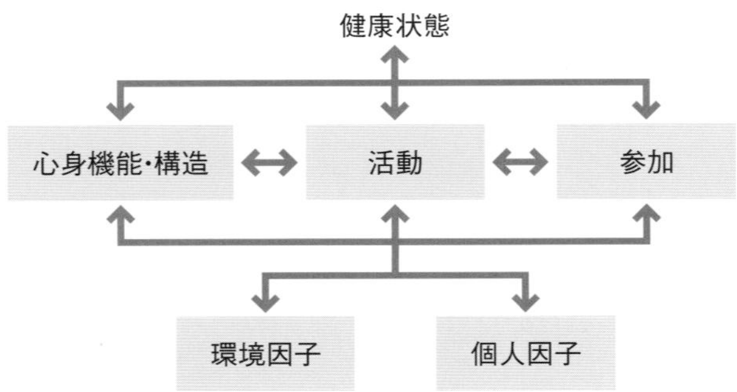

出典:厚生労働省HP「国際生活機能分類ー国際障害分類改訂版ー」(日本語版)

ICFは、障がいはマイノリティ（少数の特別な存在）ではなく、ユニバーサル（すべての人に共通）であるととらえます。つまり、**すべての人が障がいを持つ可能性があり、健康な状態と障がいは連続していて切り離して考えるものではない**のです。

たとえば、ICIDHの考え方では、「身障者用トイレ」というように、「障がいのある人が特別に使うトイレ」とされていました。しかしユニバーサルな考え方であるICFによると、障がいのある人に限定したトイレではなく、「必要なすべての人に向けたトイレ」ということで「みんなのトイレ」と表記されています。「みんなのトイレ」は、妊婦さんや小さな子どものいる親が利用してもいいでしょうし、その他に年齢、宗教、文化、国籍、性別など人々が持つ様々な違いを超えて利用できるように配慮されています。

ユニバーサルとマイノリティ

ユニバーサル(ICF)		マイノリティ(ICIDH)
誰もが障がいを持つ可能性	vs.	障がい者と健常者
健康と障がいは連続する		健康と障がいは別々の枠
多面的		一面的

1-4 子どもを前にしたときの支援者としての心構え

保育者は、障がいについて学べば学ぶほど、子どものできないところに目を向けてしまうことがあります。ここでは、「子どもの専門家」である保育者が子どもを前にしたときの支援者としての心構えについて考えてみます。

子どもの輝く個性に目を向けよう

私は普段、名古屋短期大学保育科の「障がい児保育」という授業の中で、子どもの障がいについて学生に講義をしたり、また様々な保育現場の保育者の方と研修会を持ち、「障がい」について考えています。その際、ときどき感じることは、「障がいについて学べば学ぶほど、すべての子どもを障がいという枠組みでとらえ、ラベルを貼ってしまう傾向にある」ということです。つまり、障がいについて学ぶと、すべての子どもが「障がい児」に見えてしまうということです。実際に障がいの研修を受けた保育者の方が、子どものできていない特徴について声高に取り上げて、保護者に伝えてしまうことがあります。

私は子どもを前にしたときに大切にしていることが、2つあります。ひとつ目は、「言葉が出ていない」「体のバランスが悪い」「集中できない」など「できないこと」や、「困ったこと」に注目するのではなく、**「子どもの輝く個性」に目を向けるということ**です。どんなに重い障がいのある子どもも、「輝くような個性」を持ち合わせています。当然といえば当然ですが、「障がい」について学び始めるとつい忘れがちになってしまいます。親は子どもの「輝いている個性」に目を向けて話しているにもかかわらず、保育者が「困った行動」に目を向けている場合、互いに話が食い違ってしまいます。

子どもの行動を未来まで見据えて見る。そしてかかわる

2つ目は、子どもの現時点での「困った」「気になる」行動だけを見るのではなく、**子どもが生まれてから、現在、そして未来まで見据えて理解してかかわるという視点**です。

子どもの現時点での行動が著しい「問題行動」であればあるほど、保育者は困ってしまい「今のこの行動を何とかしたい」とだけ考えがちです。しかし、子どもの行動は、現時点のことだけでなく、生まれてから現在までの様々なことが影響しています。そしてその「問題」に対処するためには、過去から現在、そして未来まで見据えることが大切です。大切なことは、「今だけを乗り切ればよい」のではなく、このようにかかわることが、「この子の未来にどう働きかけるか」ということなのです。

「未来に影響する」と言われてもイメージしにくいかもしれませんね。たとえばこのようなことを想像してみてください。みなさんの心の中には、これまで出会った様々な「住人」がいるのではないでしょうか。「大好きだった先生」「尊敬している先生」「お父さん」「お母さん」、それから「大好きな人」など様々な人が心の中に住んでいて、時折その「心の住人」がみなさんを励ましてくれるのではないでしょうか。

私の心の中にも何人かの先生が住んでいます。高校のときの歴史の先生が「あなたなら大丈夫」と折に触れて言ってくれたことが、自信を喪失したときや、うまくいかないときに私の心の支えに何度なったことかと思います。つまり「子どもの未来に影響する」とは、子どもとのかかわりにより、「あなたがその子どもの心の中に住み、折に触れ子どもを励まし、支える存在になる」ということです。

問題が大きければ大きいほど、現在の問題にばかり目が行ってしまいます。しかし、**子どもの行動を見る際は、過去から現在、そして未来まで見据えて、かかわっていくことが大切**です。

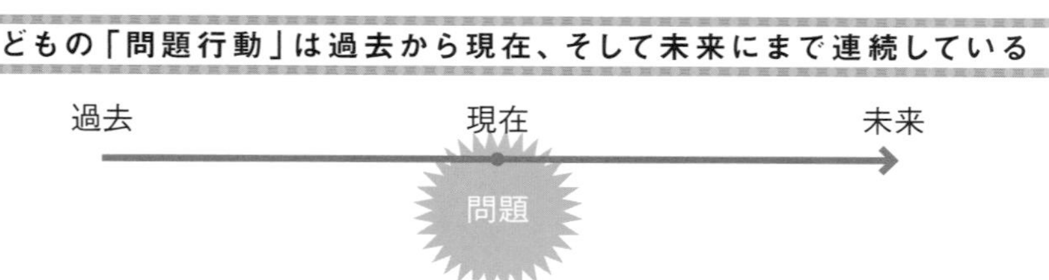

1-5 子どもの行動の背景を理解しよう～氷山モデルによるアセスメント～

保育者をはじめ大人は子どもの「問題行動」にどうしても目が行きがちです。子どもの行動には必ず意味があり、その理由（背景）もあります。目には見えない背景に思いを巡らせましょう。

氷山モデルとは

氷山モデル（次ページ図を参照）とは、子どもの行動を氷山にたとえたものです。図の三角形は氷山を、波線は水面を表します。氷山は目に見える水面上にあるものと、目には見えないけれども水面下にあるものとに分かれます。そして氷山は目に見えない部分がかなりの大きさを占め、そこを十分に見ておかないと、船は水面下の氷山に衝突し難破してしまうため注意が必要だといえます。

これを子どもの行動理解に当てはめて考えてみましょう。発達障がいのある子どもや「気になる子」の問題となる行動は、氷山の水面上にある目に見える部分です。保育場面では、他児に「噛みつく」「いやなことをする」「叩いてしまう」などです。保育者はこうした「問題行動」に注目し、しばしばそれに振り回されてしまいます。そこで氷山モデルを使ってそれらの行動の背景にあるものを考えてみましょう。

子どもの「問題行動」の背景にあるものを考える際、大切なことは、次の3つの視点です（図の下部参照）。

ひとつ目は、成育歴を含めた家庭の環境です。現在は多くの時間を園で生活している子どもたちですが、生まれてから現在に至るまでの歩みは一人ひとり異なっています。出生前後の大きなトラブルや生まれた後の大きな病気は、主に身体的な部分に影響を与えるでしょう。また、両親の離婚や別居など出生後に生ずる家庭環境の大きな変化や虐待に代表される不適切な養育は、子どもの心理的な部分に影響を与えることがあります。これらを丁寧に把握することがひとつ目の視点です。

2つ目の視点は、園での子どもの行動をよく観察することです。子どもにいつ、どのような場面で、どのような行動が見られるのか、よく観察し記録を取っておくとよいと思います。また、こうした行動が家庭でも見られるのか、それとも園のみで見られるものなのかを保護者と情報交換しながら比較することも大切であるといえます。

3つ目の視点は、専門機関の利用状況を把握することです。障がいの何らかの診断を子どもがすでに持つのであれば、利用した医療機関がどこで、どのような診断名なのかを把握しておきます。

さらに診断のある子どもは、すでに療育機関に定期的に通っている場合も多いものです。いつから、どのような療育を受けているのか目的や方法を把握し、園での支援となるべく共有できるように連携していきます。園児の中には、気になる行動が見られても、医療機関や療育機関にまだつながっていない場合もあります。専門機関へ通うということ自体、保護者による子どもの受容にかかわるため、専門機関につながるまでに長く複雑な道のりを要する家庭も多いものです。そうした場合でも、保護者から1歳半・3歳児に行われる乳幼児健診の様子を聞くことや、保護者に確認したうえで、保健センターの保健師と連携し情報交換をすることも大切であるといえるでしょう。

これらの情報を総合すると、子どもの「問題行動」がどのような意味を持つのかおのずと明らかになってきます。大切なことは、子どもの「問題行動」だけに目を奪われてしまうことなく、行動の背景にあるものを保育者が子どもの目線に立って考えることなのです。

氷山モデル

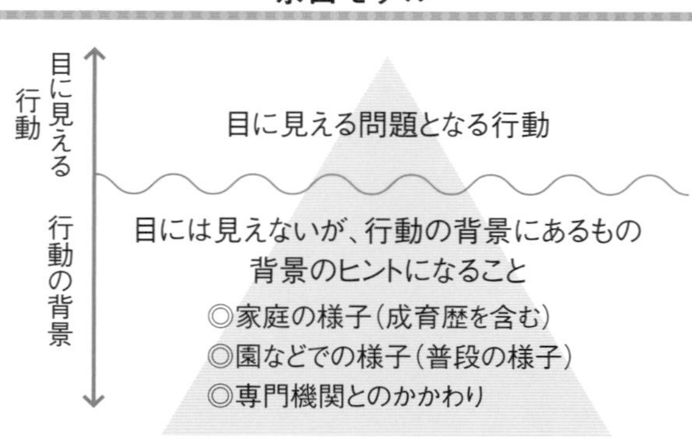

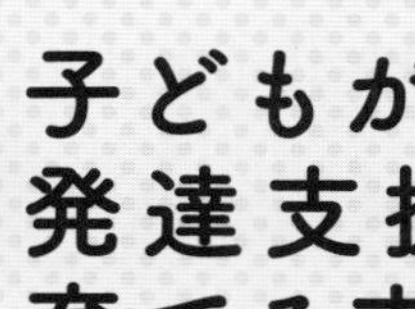

1-6 子どもが育つ土台と発達支援〜教える支援と育てる支援〜

「気になる子」の発達支援について、「子どもが育つ土台」をキーワードにして考えてみたいと思います。

発達がゆっくりなマサキくん

マサキくんは、言葉の発達がゆっくりな2歳児です。単語は数語出ていますが自分の思いをうまく伝えられないので、保育園では突然友だちの髪の毛を引っ張ったり突き飛ばしたりします。また発音も不明瞭で、口元の動きがぎこちないのが気になります。保育者にとっては時折友だちに手が出てしまうことと、まもなく3歳の誕生日を迎えるのに単語しか話さないこと、しかも発音が不明瞭なことなど、いくつか気になっていることがあります。

できないことは目立ってしまう

親や保育者にとって子どもの発達で気になることとして多いのは、歩かないことや言葉が出てこないこと、さらに友だちにケガをさせてしまうことです。歩行や言語はできないこととして目立つ「わかりやすい遅れ」であるため、つい気になるようですし、友だちに手が出ることでケガをさせてしまうことについても保育現場ではかなり敏感です。

マサキくんのような言語面、行動面に心配のある子どもには、どのような理解と支援が必要なのでしょうか。**私は、子どもの発達は「できるできない」で見るのではなく、「土台が育っているかどうか」で見る必要があると考えています。**

特に3歳の誕生日を迎える前の子どもは、「伸びしろ」が大きいので、ちょっとした行動の特徴だけを見て「障がい」と決めつけるのは禁物です。では、3歳の誕生日を迎える前の子どもで発達がゆっくりな子どもは、何を見ていけばよいのでしょうか。

発達の土台として私が見るのは以下の4点です。

□指差しがあるか
□指差しをしながら、喃語など発音があるか
□発音とともに親を見て要求を訴えるか
□共同注意（親が指差したものを子も見る）があるか

これらは1歳前から見られる行動ですが、言葉の発達がゆっくりである子はこの4点がどれくらい育っているかで、今後の言語発達やコミュニケーションの発達に影響します。

体を育て、心を育むこと

子どもの発達支援を考えるとき、その土台が大切であることは先に述べた通りです。ではその土台とはいったいどのようなものでしょうか。

まず、子どもの発達を「体」と「心」、そして「頭」の3つに分けて考えたいと思います。**「体」が育って初めて「心」が育ち、「心」が育つことによって初めて「頭」が育つ**のです。

「体」とは、ここでは「目に見えるこの体」ととらえましょう。第4章で扱いますが、シュタイナーの治療教育的に言うならば、「肉体」（ドイツ語のLeib＝肉体という意味です）ですが、ここでは「目に見えるこの体」というようにまずは理解しておいてください。

体は、「食べる、寝る、遊ぶ」という生活のリズムを整えることで育っていきます。「食べる」とは、朝昼夕の食事を一定の時間にしっかりと時間を取って食べることです。「寝る」は、早い時間に眠り、また早い時間に起きること、いわゆる早寝早起きです。「遊ぶ」は、日中の活動で、手足を思いきり動かして遊ぶことを意味します。この、「食べる、寝る、遊ぶ」を整えることができれば、子どもの体は健康に育っていきます。逆に言うと、どこかアンバランスさが生じた場合、この「食べる、寝る、遊ぶ」のどこかに支障が出てくることが多いものです。

次に「心」があります。「心」とは、主観的で目には見えないけれど、うれしい、楽しい、悲しい、悔しいなど、様々な心の営みを私たちは感じることができます。つまり「心」とは、喜怒哀楽の感情であるということができます。心は主観的なもので、他者の心を正確に理解することはできませんが、「心と体のバラ

ンス」というようにその存在を意識することはできます。

最後に「頭」です。ここでは便宜上そう呼んでいますが、「頭」とは、自分で考え、判断する力や記憶する力、ルールを守って行動する力、相手の気持ちを理解する力などのことをいいます。つまり「頭」とは、人が大人になるにあたって将来的に身につけていきたい力だといえます。

子どもが育つ土台

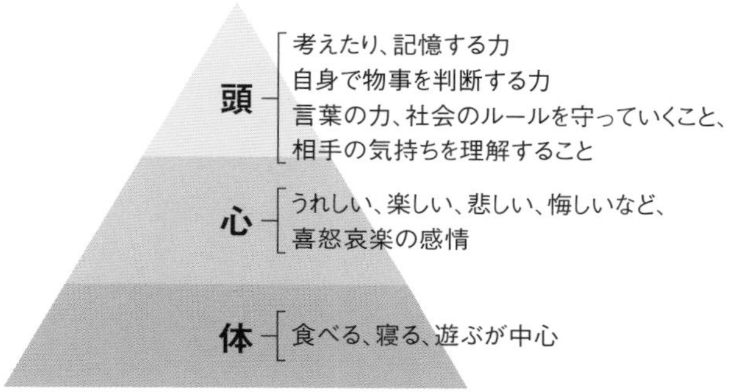

頭
考えたり、記憶する力
自身で物事を判断する力
言葉の力、社会のルールを守っていくこと、
相手の気持ちを理解すること

心
うれしい、楽しい、悲しい、悔しいなど、
喜怒哀楽の感情

体
食べる、寝る、遊ぶが中心

子どもは土台の部分から育っていく

教える支援と育てる支援

子どもの発達を支援するとき、どこから育てていけばよいのかというと、次ページの図のグレーの実線で示してある矢印のように、下から育てていきます。つまり、気になる部分が「みんなと一緒に行動できない」ことや、「乱暴な行動が見られる」ときでも、まずは「体を育てる」ことから始めることが有効である場合が多いものです。

体がある程度育ってきた後、「心」や「頭」という部分に焦点を当てていくのです。

矢印の下から上へ向けた方向の支援を「育てる支援」と呼んでいます。これは、「長期的な目標」に基づいた支援の方向性であるということができます。すぐに効果が出るわけではないのですが、時間をかけてしっかりと育てていくという方向性です。

「育てる支援」で最も基礎になるのは、「体を育てる」ことです。 すでに述べたように「体を育てる」ことは「食べること・寝ること、遊ぶこと」が中心になります。「みんなと一緒に行動できない」「乱暴な行動が見られる」子どもの行動の背景を考えてみると、運動感覚の未成熟が中心であることが多いものです。感覚を育てることの詳細は第４章で述べますが、手足を思いっきり動かしながら遊ぶことが、運動感覚を育てるためには、最も有効です。

それに対して、「教える支援」は「短期的な目標」に基づいた支援で、「緊急性の高い場合」や「本人が気づいていないだけで教えればわかる場合」に有効です。「緊急性の高い場合」とは、「他児を叩いてしまう」「噛みついてしまう」など、すぐに止めなければいけない行動をいいます。また発達障がいのある子どもは他の子どもが当たり前のように気づくことにも全く気づかずに、不適切な行動になってしまっていることがあります。そういうときは、言葉で教えることが有効ですので、「教える支援」によって解決に導いていきます。「教える支援」を中心に据えて支援する場合も、「育てる支援」を並行して行っていくとより効果的ですし、その逆も同様です。

子どもが育つ土台と発達支援

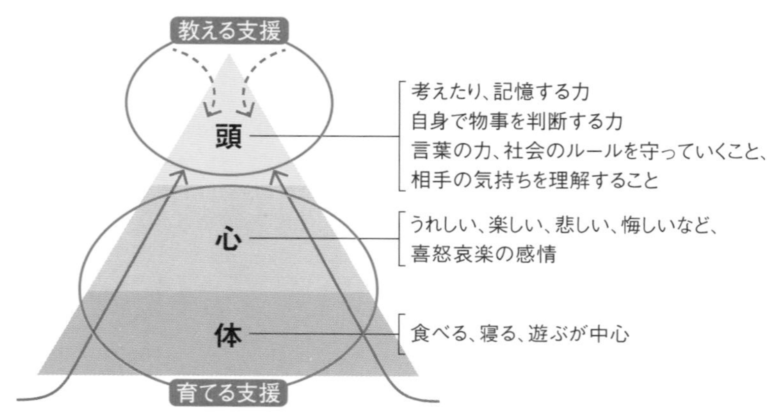

「育てる支援」とは長期的な目標に基づいた支援で、「食べる・寝る・遊ぶ」が中心。「教える支援」とは短期的な目標に基づいた支援で、「どうすればよいのか教える」こと。いずれの支援を中心に据える場合も、両方を併用していくことが望ましい。

子どもが育つ土台～鏡餅の原理～

子どもの発達は、できないことが目立ってしまうことが多いものです。特に言葉の遅れは目立ちますから、保育者や保護者など大人にとって心配になることが多いと思います。

言葉に何らかの気になることがあったとしても、すぐに言葉を修正するのではなく、その他の要素を気にかける必要があります。言葉が育っていくためには土台があります。ここでは「鏡餅の原理」を取り上げながら、言葉の発達、そして子どもが育つための土台について考えます。

「鏡餅の原理」とは、子どもが育つための土台を鏡餅にたとえたものです。人は、「体」という大きな土台があるからこそ、次に「心」という土台を重ねることができ、それがあって初めて「頭」を載せることができます。「頭」とは、考える、判断すること、言葉の発達やコミュニケーションの部分ととらえられます。子どもは、「体」⇒「心」⇒「頭」という順序で育っていきます。

しかし、大人は言葉やコミュニケーションに遅れや問題が見られると、「しっかりと話しなさい」「ちゃんとしなさい」などと「頭」のほうから働きかける傾向にあります。次ページの下図のように、土台ができていないのに大きなみかんを載せようとすると、かえって不安定な状態になってしまいます。特に幼児期の子どもには遊びを通して体を育てるという方向性が大切です。

「言葉」を例にあげるならば、言葉を発する器官はよく考えてみると、体の中で最も微細な動きを必要とする部分であることに気づきます。舌を上あごや上前歯の裏につけるなど繊細な舌の動きを必要としますし、呼気をうまく調節して、咽頭や声帯、鼻腔などを複雑に関係させて発声しているのです。ですから、体の中で最も微細で複雑な動きのトレーニングに最初から取り組むのではなく、まずは体を動かして遊ぶことから始めるのです。

言葉を促していくためには、口元を動かす遊びも有効です。たとえば、しゃぼん玉や風車を吹いてみてもよいでしょうし、ストローでコップの水をブクブクしながら遊んでもよいと思います。

鏡餅の原理

「体」というしっかりとした土台があって初めて、「心」や「頭」を安定して載せることができます。

大人は「ちゃんと勉強しなさい」などと「頭」のほうから働きかけがちです。土台ができていないのに大きなみかんを載せようとして、不安定な状態になってしまいます。幼児期にしっかりとした土台を作ることが大切。体を動かしてたくさん遊ぶことで、将来的に賢い「頭」が育つのです。

1-7 「気になる子」本人の視点に立つ～自分の中にある「障がい」に目を向ける～

発達障がいはスペクトラムであると言われます。これは、あなたは「発達障がい、私は健常者」ということではありません。どの人の中にも薄まった形で様々な特徴があります。ここでは、自分の中にある「障がい」に目を向けるということに着目してみましょう。

発達障がいはスペクトラム

発達障がいや「気になる子」の特徴はスペクトラムであるといいます。つまり「障がい者」と「健常者」の間には明確な境界線があるわけではなく、ゆるやかに連続しているのです。ここでは、「気になる子」本人の視点に立つことを、自分の中にある「障がい」に目を向けるということとともに考えてみます。

まずは、スペクトラムについて考えてみましょう。スペクトラムとは、「連続体」のことで、発達障がいというのは「あるかないか」ではなく、「どの程度あるか」でとらえます。

発達障がいをオレンジジュースにたとえてみましょう（次ページの図参照）。

100％のオレンジジュースを水で半分に割ると（ジュース半分、水半分）、50％のジュースになり、それをまた半分に割ると25％になります。これを何回も繰り返していくと、最後にはどんなに味覚や嗅覚が優れた人が飲んでも真水だと思うものになります。

図のAの段階では、一口飲めばオレンジジュースだとわかります。しかしBくらいになるとオレンジジュースだということがわかりにくくなり、Cでは真水として考えられます。

発達障がいについてもオレンジジュースの例と同様のことが言えます。はっきりと発達障がいの症状が見られる場合（A1 ～ A3まで）から、一見すると症状は見られないけれども、どことなく風変わりで、発達障がいなど発達上の問題だと気づかれにくい状態（B1 ～ B3）。それから発達障がいの要素は特に見られず、生活上の困難も生じていない状態（C）まで、症状は様々です。そして、すべての人がA1からCのどこかに位置しているのです。

みなさんは、生活上特に困難がないから、自分は発達障がいの要素はない＝「健常者」だとなんの疑いもなく信じているかもしれません。しかし、このオレンジジュースの例のように、どのような人も、薄まった形で発達障がいの要素を持っているのです。発達障がいや「気になる子」というのは、特徴が顕著に色濃くあらわれ、生活上の困難が生じているということです。発達障がいは、「あるかないか」ではなく、「どの程度の色の濃さであるか」ということで、どの人にも色の濃さの違いこそありますが、同じような特徴があるという視点で子どもたちを見て、かかわっていくことが大切です。

発達障がいのスペクトラムをオレンジジュースにたとえると

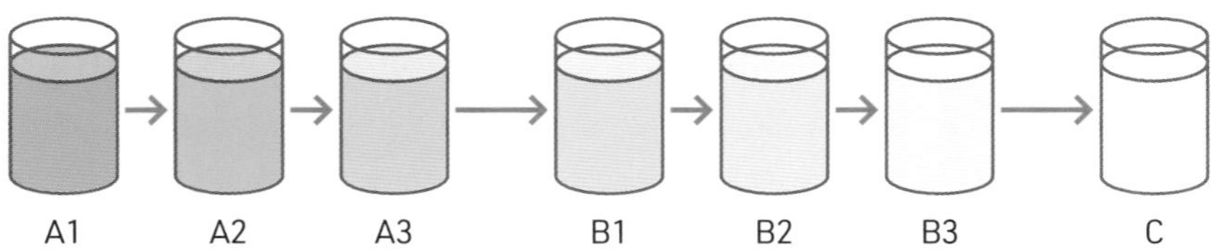

参考資料:梅永雄二『自閉症の人のライフサポート』(福村出版／2001年)

自分の中にある「障がい」に目を向ける

第1章3節で、ICFについて述べた際「『あなたは障がい者、私は健常者』では語れない障がい者観の変化」という表現をしました。これは具体的にはどういうことをいうのでしょうか。

私たちは目の前に「気になる子」がいた際、つい障がいの枠に当てはめて、ASDとかADHDではないかと子どものことを見てしまう傾向にあります。そして医療機関で診断が出ると、子どもを診断名で理解することが多いものです。しかし、それではなかなか子どもへの理解と支援には結びついていきません。そこで、ここでは「**自分の中にある『障がい』に目を向ける**」という視点で考えてみます。**それは、「気になる子」本人の視点に立って理解するということでもあります。**

ここでも、私がスイスの大学で治療教育を学んでいたときに経験した、こんな「失敗」から話を始めてみることにしましょう。

学生は実習生として施設の子どもたちを担当します。その際、学生にはあの子は自閉症ですとか、この子は脳性まひです、と知らされることはありません。一人の子どもを診断名で理解するのではなく、その子どもの本質を先入観なく見てとらえてほしいという思いからだと思われます。

シモンという小学３年生の男の子に出会ったのは、学生として学び始めた２年目の春でした。当初の印象は、「小さくてかわいい男の子」というものでした。初めての出会いでシモンははにかみながら、少し体をくねくねさせてベルン訛りのドイツ語で私に挨拶してくれました。頭が小さくて、手足を落ち着きなく常に動かしていました。ただ、「かわいい」と思えたのは実はその日だけで、その後は私とシモンの格闘が始まります。日を追うごとに、彼は私に対してどこまで許されるのか、何をやったら怒るのか、極限まで試してきます。

夜も全く寝ようとせず、私が部屋で静かに「おやすみ」をして寝かせようとしても、そんなことはどこ吹く風で、声をあげながら、部屋中を走り回っています。

そんな毎日を過ごしながら、シモンとかかわるのが次第に大変だなと思い始めていたとき、自閉症の本に出会いました。その本に書いてある自閉症の特徴と、シモンの行動は読めば読むほどピッタリです。自閉症の本を開いては、シモンは自閉症だと確信しました。

あるとき「シモンは自閉症だよね。だからこうなんだよね」と得意になって言う私に、グループの責任者である男性がこう言いました。

「ナオキがシモンのことを理解しようと努力していることはよくわかるよ。でも頭で理解しようとしたって何も変わらないんだよ。**シモンの問題だと思う行動のすべてを自分の中に見つけてごらん。**ナオキの中にもシモンと同じような行動が、小さな芽の状態だけど必ずあるんじゃないかな？　それを見つけてごらん。そうすればシモンのことを本当に理解することができると思うよ」

「自分の中に障がいを見つける？」私には何のことだかよくわかりませんでした。でも毎日その言葉を意識しながらシモンとかかわっているうちに、なんとなく理解できるようになってきたのです。つまりこんなことです。

シモンはどうして私の腕をつねったりひっかいたりするのだろうか？　私のことがきらいだから？　いじわるしているのだろうか？　でも待てよ、私もシモンと同じくらいの年の頃、そんなことがあったような気がするぞ。

そういえば好きな女の子に対してわざと意地悪ばかりしていた。興味を引きたくて叩いたりつねったり、ときには悪態をついてみたり、そういえばそんなことしていた。

シモンが夜全然寝つけないのはなぜだろう。そうか小学生の頃、夜なかなか寝つけなかったのは……遠足や修学旅行の前。うれしくて興奮して眠れなかったっけ。

それからこだわりだったら今の私の中にもあるぞ。自分なりに整理分類してある本棚を誰かが勝手にさわってお気に入りの本が別の場所に移動していたりすると、なぜか無性に腹が立って、すぐに元の位置に戻したくなる。

こんな調子で思いをめぐらしてみると、**シモンの問題だと思っていた行動はすべて私の中にもあるんだ、ということに気がついたのです。**

以前はシモンの問題行動ばかりに目が行って、それに振り回されていたのですが、「自分の中にもシモンの持つ障がいがあるんだ」ということに気づいてみると、シモンの問題行動だと思っていたことになんとなく共感できるようになってきたのです。

もちろんその直後から、私とシモンの関係が劇的に変わったというわけではなく、シモンはいつものように私の腕に引っかき傷や、つねった跡をつけていたわけですが、この頃から私のシモンに対する気持ちが大きく変わったことは確かです。

障がいを持つ子どもや「気になる子」を理解しようとするとき、私たちはできないことや問題となる行動ばかりにとらわれてしまいます。しかしそうではなく、**彼らが持つ障がいや困難を、人が普通に持っている特徴が誇張されたものとしてとらえる必要があるのです。**

子どもが抱えている様々な困難を、自分自身の中に見つけてみる。そのとき初めて、彼らに対する思いや感じ方が全く変わってくることに気づかされるのです。

1-8 今、なぜシュタイナーの治療教育か？

シュタイナー教育が始まって100年を超えました。この100年の間に私たちの生活は大きく変化しています。環境破壊や家庭環境の変化、大きく変化した100年である一方で、人間の本質をとらえるシュタイナー教育は揺らぐことなく成長を続けています。

シュタイナー教育100周年

シュタイナー学校が世界で初めてドイツで始まったのが1919年ですから、2019年はシュタイナー教育100周年でした。シュタイナー教育が始まってから100年の間に、世界は大きく変容しています。

この100年は世界、そして人間をも破壊する100年であったともいうことができます。第2次世界大戦において、ナチスドイツのアウシュビッツに代表される強制収容所では、人間が破壊されました。日本でも原子爆弾が広島および長崎に投下され、そこに住む人間だけでなく、生活までもが破壊されました。第2次世界大戦後は、平和な社会における物質主義の台頭により環境の破壊が急速に進んでいます。さらに目に見える物質的な破壊から、目には見えないミクロな意味での破壊へと進んできました。農薬や食品添加物、ダイオキシンや窒素酸化物などによる大気汚染は健康への影響を少なからず与えています。

シュタイナー教育が始まって以来、この100年間で環境は変化し、人間もまた変化しつつあるといえます。そんな中で、揺らぐことなく成長を続けてきたシュタイナー教育は、すでに全世界で1100を超える学校が存在するに至っています。

変化を続ける社会と人間。そしてそんな現在だからこそ、今シュタイナー教育が必要とされていると感じます。

現代の「気になる子」

この20年で保育現場は大きく変わろうとしています。保育園、幼稚園、こども園、施設を問わず担任一人ではクラスを見ることができないほど、子どもの行動が多様化しています。他人に興味を示さない子ども、乱暴な子ども、手が出てしまう子ども、かんしゃくを起こす子ども、多動な子ども、話を聞くことができない子ども、ケガをしやすい子ども、アレルギーのひどい子ども、夜眠れない子ども、数えきれないほどの「気になる子」が園には存在します。園長先生は口々に「私が保育を始めた30年前は、一人担任が普通でしたが、今は一人ではクラスを見きれません」と言います。

また、「便利な」世の中には、子どもの発達を阻害するものも多く存在し、スマートフォンやタブレットはその代表的なものだと思われます。「夜なかなか眠らない」という2歳のAくんは、朝まで母親のスマートフォンでYouTubeの動画を見ています。駅や病院の待合室でも、散歩中のベビーカーの中でも乳児がスマートフォンで動画に夢中です。園で遊ぶ子どもは、積み木をスマートフォンに見立てて遊びます。お母さんに聞くと、スマートフォンを取り上げようとすると、「子どもがかんしゃくを起こすので取り上げられない」「スマートフォンを使ってくれている間は静かに家事ができる」と言います。もはや「スマホ依存症」であると思われます。これらは大人社会の問題であり、それはまさに「危機的状態」であると私は感じています。

人間の本質をとらえるシュタイナーの治療教育

そのような危機的な今だからこそ、人間の本質をとらえたシュタイナーの治療教育が必要だと考えます。つまり、「人間とは何か？」「障がいをどのように受け止めるのか？」という根源的な問いから始めようと思うのです。

障がいは、決して特別な状態のことをいうのではなく、「健康な状態の人間が持つ特徴が顕著にあらわれ、それにより生活に支障が生じている」ということです。シュタイナーは「教育の中の教育が治療教育」だと言います。

現代の社会では、異質なものはラベルを付けて排除する方向性がありますから、診断名ばかりを取り上げて、騒ぎ立てることにあまり意味はありません。**私たちが「困った子だな」と感じるとき、それは「子ども自身が困っている」のです。**そこを理解しつつ、共に生きること。そして互いに少しずつ「迷惑」をかけ合いながら、「気になる子」とゆるやかに支え合っていくことが、共に生きるためには必要なのでは、と私は考えています。

第2章

「気になる子」の本質をとらえるアセスメント

2-1 様々な視点からのアセスメント

第2章では、具体的なアセスメントの方法を示します。ワークショップに参加する気持ちで取り組んでみてください。

アセスメントはシュタイナー治療教育のファーストステップ

第2章では、シュタイナーの治療教育をベースにしつつ、どのように子どもを理解し（アセスメントして）子どもとかかわっていくことができるのか、その方法について考えてみたいと思います。

シュタイナーの治療教育とは、生活の場における「リズム」、学校現場における「教育」、医療に基づいたセラピーによる「感覚」への働きかけが有機的に結びつくことにより、子どもの人間本性を呼び覚まし、子どもの自己治癒力に働きかけることであるといえます。

保育や治療教育の現場には必ず、親、教育者、セラピストなどの大人が存在します。子どもをアセスメントし、働きかける大人がいかに子どもを受け止めるのか、その受け止め方が子どもの成長と治療に大きく影響を与えるといえます。

したがって、**ここで示すのは、シュタイナーの治療教育のファーストステップである「子どもの本質を理解する」ためのアセスメントの方法です。**私は、子どもの本質を理解するための研修会やワークショップを行っていますので、今回はみなさんとワークショップを実際に行っているように記述したいと思います。

アセスメントとは

子どもをどのように理解すればいいのかということは、私にとっていつも大きな課題です。子どもをいかに見立て、問題や課題を理解し、どのように治療の方向性を見出すことができるのか。これらは簡単なことではありません。

一般的に私たちが子どもの発達や状態を理解するためには、どのような視点から、何を行っているのでしょうか。

私たちは、何かを求めようとするとき、対象についての必要で役に立つ情報を集めて、その対象を理解してから行動するということを無意識にしています。

たとえば洗濯機を購入するということを例にして考えてみましょう。

洗濯機を買いたいとあなたは思っています。そんなとき、どのような視点からあなたは洗濯機の情報を集めるでしょうか。

まず値段という視点がありますね。予算は10万円だから、これ以内におさまるものを選ぼうか、あの店とこの店ではどちらが安い、という視点です。それから機能という視点も考えられます。ドラム式かたて型か、二槽式か全自動か。乾燥機が一体化しているものかそうでないかなどは重要な視点です。そのほかに色やデザイン、メーカー、家の洗濯機置き場におさまるくらいの大きさかどうか、容量はどうか、という様々な視点から情報を集めて洗濯機を購入しようとするのではないでしょうか。

このように、「**対象について理解するために、様々な視点から、必要で的確な情報を得ること**」**をアセスメントといいます**。「アセスメント」という言葉は心理学的な領域でよく用いられる用語ですが、「診断」「査定」「評価」など場面によっていろいろな言い方があります。司法の領域では、「鑑別」「鑑定」などといったりしますし、福祉領域では「判定」「査定」ということもあります。

● アセスメントとは

対象について理解するために、必要で的確な情報を得ること。

医学的な視点から子どもを理解する～医学的診断の過程～

子どもを理解するための視点のひとつ目として、医学的な視点をあげてみることにします。医学的な視点といっても難しいことではありません。みなさんがごく普通に経験していることを例にとって話を進めてみましょう。

医学的な視点を選択するのは体の具合が悪いとき

あっくんは年長（5歳）の男の子です。いつもは元気いっぱいで、朝から家中を走り回っているのですが、今日はいつもの時間になっても布団から出てきません。どうしたのだろうと思ってお母さんがあっくんの体に手を触れてみると、とても熱いことに気がつきました。ぐったりと力が抜けているようで、呼吸も荒いようです。胸の音をよく聞いてみると少しゼイゼイしています。「今日は保育園を休ませて、いつも通っている小児科へ連れて行きましょう」。お母さんは、あっくんの様子から判断して、小児科を受診しようと考えました。

私たちは体の具合が悪いようだと思ったときには、このように医学的な視点から子どもの様子を理解しようとします。

問診、診察、検査

小児科へ行くとどんなことが行われるのでしょうか。

まず、看護師さんがやってきて、「どのような症状が、いつから始まったのか」などを聞き取ります。これを問診といいます。

次は診察になります。小児科医は子どもの様子をまず観察します。表情はどうか、顔色はどうか、のどは赤くはれていないかなど、とにかく目で見て観察します。次に聴診器を使って、胸の音や腸の音を聞きます。またおなかを手で押す、のどやあごの下を手で触るなどします。そのほかに、においをかいだり、ハンマーで叩いたりして子どもの様子を把握しようとすることもあるでしょう。つまり診察とは、視診、聴診、嗅診、触診、打診など、五感とハンマー、聴診器などを使って子どもを理解することをいいます。

さらに必要があるときは検査をします。血液検査や検便検尿などの検体検査が必要なときもあるでしょうし、X線などを使ったり、CTスキャン、MRIなどの画像検査が必要なときもあります。心電図などの生体検査が行われることもあります。

このような流れで子どもを理解しようとするのが、医学的な視点によるアセスメントです。医学的な領域ではこれを診断と呼びます。

医学的な視点から子どもを理解する過程

問診
・いつ
・どのような症状
・どのような経過で
ということを聞く

→

診察
視診、聴診、嗅診、触診、打診など五感と聴診器やハンマーなどを使って子どもの様子を理解する

→

検査
検体検査、生体検査、画像検査、病理検査など、詳細に検査することで子どもの様子を理解する

2-3 臨床心理学的な視点から子どもを理解する

次の視点に思いをめぐらせてみましょう。臨床心理学的な視点から、先ほどのあっくんの事例の続きを見てみることにします。

身体的には「異常なし」

年長（5歳）のあっくんはこの頃毎日のように、朝になるとぐずぐずして保育園へ行きたがりません。理由を聞いても何だかはっきりとせず、そのうちに保育園をぽつぽつと休み始めました。お母さんは心配して何度も理由を聞いてみるのですが、「おなかが痛い」とか「頭が痛い」と言います。そして保育園が終わる時間になると「もうよくなった」と言ってけろっとしています。しかしまた次の朝になると同じようなことを繰り返すのです。

お母さんはこの時点であっくんをどのように理解し、どのように行動すればいいのでしょうか。

あっくんの訴えが「おなかが痛い」「頭が痛い」という身体的な症状なので、まずお母さんは医師に見せようと考えました。しかし、あっくんはお母さんが小児科に連れて行こうとする意思に反して病院に行きたがりません。なんとか連れ出して医師に見せたところ、「何の異常もない」と言われてしまいました。それでも医師は様々な検査をしてみたのですが、結果は何の異常もないということでした。

医師に「何も異常はない」と言われたので、お母さんは不安になってきました。「あっくんは小児科で何の異常もないと言われたのに、おなかが痛いだの、頭が痛いだのと言っては保育園を休もうとしている」「あんなうそばっかりついて、本当はただ保育園へ行きたくないだけではないか」という気持ちがお母さんの中にぐるぐると渦巻いてきました。

そこで担任の先生に相談してみたところ、心の問題かもしれないということを指摘されました。友だちとのトラブルがあって、どうやらここ1週間くらいはあまり友だちと口をきかず、一人きりで過ごしていたようなのです。先生も気になりかけていたので、時折声をかけてくれていたとのことでした。

ちょうど保育園には週に1回、保育カウンセラーが来ているということなので、保育カウンセラーに早速相談してみることにしました。

ここから臨床心理学をベースにして子どもを理解するということが始まります。

心をとらえるための面接と観察

保育カウンセラーはまずお母さんの話を聞くように努めますが、これを面接といいます。そしてできればあっくんとも面接をします（幼児期は一緒に遊ぶことが中心）。面接をすることによって、お母さんがどんなことを心配しているのか、あっくんがどうして保育園へ行きたくないのかなどの情報を得ます。

保育カウンセラーは言語的な情報だけではなく、非言語的な情報を得ることにも心を注ぎます。たとえば、どんな表情をしていて、どんな口調であるのか、顔色はどうか、動作や様子はどうかなど、視覚からも情報を得ます。そして話し方や会話の流れ、話すときの雰囲気、コミュニケーションの質、感情ということにも気を配るようにします。こういう面接を何度も繰り返すこともあれば、1～2回で終了する場合もあります。

次の段階では子どもを観察します。観察とは、面接でいう非言語的な情報を得るということと重なる部分もありますが、子どもや保護者の服装、表情、親子の会話の雰囲気、顔色など本人から得られる情報を得ます。また、たとえば、あっくんが保育園という集団の中でどのように過ごしているのか、家庭ではどうか、などを実際に保育園や家庭に出向いて観察することもあります。

さらに臨床心理学的な視点の第3の段階としては、必要に応じて検査を行います。

臨床心理学的な視点から子どもを理解する過程

面接	→	観察	→	検査
・言語的情報を得る ・非言語的情報を得る（体格、服装、顔色、動作、話の流れ、雰囲気、会話の質など）	→	・物事を観察し、記録 ・分析していくことで背後の規則性や特徴をとらえる	→	・能力を測定する検査（知能検査、発達検査、言語発達検査など） ・特性や反応を測定する検査（性格検査、ロールシャッハテストなど）

検査について

検査ということに違和感や不安をおぼえる方も中にはいるかもしれません。「知能検査や発達検査をし、数値化することで、子どもの心や本当の知性をとらえることなどできるのか」という疑問を持つ方もいることでしょう。そのような方は、こう考えてみてはどうでしょうか。

それは、知能検査や発達検査は子どもを理解するための資料のひとつであるということです。**医師が患者の体温を測定し、それを診断の参考にするように、知能検査や発達検査は子どもを理解するための資料のひとつであるということです。**同時に一資料に過ぎないともいえます。子どもにとってその検査が必要か否かは、子どもの状態によります。

注意する必要があるのは、検査の結果で得られた数値にのみふりまわされ、一喜一憂し、否定的になったり拒否的になったりしてしまうことです。知能検査や発達検査だけでは子どもの本質は決して理解できません。けれども発熱した場合には体温を測定することが必要なように、子どもの状況によっては検査が必要な場合もあるのです。そして検査したならば、十分にその結果の説明を受けることが大切です。知能検査や発達検査をおそれず、結果に一喜一憂しない。けれども子どもを理解するためには必要な場合があるということなのです。

● 検査のまとめ

知能検査や発達検査については、以下のことが大切。

・おそれない、結果にふりまわされない、一喜一憂しない。

・結果についての十分な説明を受ける。

2-4 治療教育的な視点から子どもを理解する～体を見る、心を見る、精神を見る～

シュタイナーの治療教育をベースに人間を理解するときには、2つの重要な視点（柱）があります。

シュタイナーの治療教育的な視点から子どもを理解する

シュタイナーの治療教育をベースに人間を理解するとき、私は2つの重要な視点（柱）があると考えています。それを私は、「障がいがある子どもたちを理解するための2つの柱」と呼んでいます。

1つ目の柱は、目に見える部分（＝体）にのみ障がいを持ちうるということ。人はみな偉大な演奏家で、人生という長編の音楽を演奏しているといえます。障がいがあるということは自分の思い通りにならない楽器を演奏せざるを得ない状態であると理解することができます。そして、障がいのある子どもたちはその本質において全く健全な存在なのです。

2つ目の柱は、自分の中にある「障がい」に目を向ける、ということです。どんな人も不安定でアンバランスな部分を持っています。そして心に乱れやストレスが生じると、不安定でアンバランスな部分が誇張されて表面化し、極端な方向へ移行してあらわれるのです。

障がいはあるかないか、ということではなく、そのときどきでどれくらいあるか、どの程度なのかということなのです。普段は隠されているけれど、私たちの中にも「障がい」といえるような要素が薄まった形で存在するのです。子どもたちの「障がい」（＝困難さ）を自分と切り離して考えるのではなく、自分の中にそれを見つけ、障がいがある子どもたちと共有することが、障がいがある子どもたちを理解するための２つ目の柱であるということができます。

それではこの2つの柱をベースとして、具体的にはどのように子どもを見ていけばよいのでしょうか。ここでは「**体を見る、心を見る、精神を見る**」という方法を紹介します。

●障がいがある子どもを理解するための2つの柱

・障がいがある子ども：目に見える部分にのみ障がいを持ち、その本質は全く健全である。

・自分の中にある「障がい」に目を向ける。

体を見る、心を見る、精神を見る

ステップ1の「体を見る」とは「子どもをあるがままに見る」ということです。私たちは子どもを見るとき常に「先入観」や「経験」、「学んで知っていること」「思い出」や「判断」などが無意識に入り混ざってしまうため、「あるがままに見ること」は思いのほか難しいものです。そうしたものをできるだけ取り除いて、意識的に「あるがまま」を見る、ということがステップ1です。

ステップ2では、「心を見る」という練習をします。ここでは自由に想像の旅に出かけてみるのです。**変化し、成長する子どもを見るには、現状だけを固定して見るのではなく、想像力を働かせて見ることも大切です。子どもの内側に存在する力を想像しながら子どもを見る練習をします。**ここではまた、あなたが子どもと向き合ったとき、「あなたが子どもについて何を感じるか」についても思いを向けてみます。「子どもが〜のように見える」、「〜に似ている」、「好き、嫌い」、「快、不快」、「うれしい」「楽しい」、「〜を思い出した」、「〜は〜のはずだ」、「〜に違いない」などなど、子どもを前にしたとき、感じたことを自由に表現し、また意識するということも体験してみたいと思います。

ステップ3では、「精神」に焦点を当ててみます。「精神」とは、ここでは「運命を導く力の主体」、つまり「目の前にいる子どもの背景にあるもの」ととらえることにします。

「精神を見る」とはすなわち、「目の前にいる子どもからのメッセージを受け取る」ということです。ある子どもが私の前にいます。「その子が私に何を伝えようとしているのか」、「何を教えようとしているのか」について「メッセージを受け取る」ということを「精神を見る」としたいと思います。

次節からは、「体を見る、心を見る、精神を見る」ことについて、それぞれを詳しく見ていきます。

2-5 アセスメントの練習 ステップ1　体を見る

子どもをアセスメントするためのファーストステップは「体を見る」ことです。普段見ているようで見過ごしがちな、子どもの身体的な外観をあるがままに見ることについて学びます。

あるがままにとらえることで子どもの本質に近づく

これから子どもの本質をとらえるためのファーストステップである「体を見る」ことを始めたいと思います。

まずは、みなさんの周りにいる「困ったな」「どのようにかかわっていけばいいかな？」と思う子どもを一人、思い浮かべてみてください。身近なところではあなたご自身のお子さんを思い浮かべてみてもよいと思います。またはあなたが園や学校の先生であれば、自分が担任をしている子どもでもよいでしょう。とにかくみなさんの周りにいる「困った」と思える子どもたちに登場してもらうことにしましょう。

すでにここで「困った」というあなたの感情が込められていることにも少しだけ意識してみてください。**ステップ1では、感情が複雑に絡みやすい「困った」と感じる子どもを「あるがままにとらえる」練習をしましょう。**

子どもの外観には、内側に秘めた本質が表現されています。

感情が膨らんでしまって見えにくかった子どもの身体的な外観を冷静にとらえてみましょう。たとえるならば「外科医が臓器を見るように冷静な目で」子どもの外観をとらえてみるのです。

- **ポイント①** 子どもの外観には、本質が表現されているためよく観察しよう。
- **ポイント②** 外科医が臓器を見るような目で、子どもの外観をとらえよう。

課題1　子どもの特徴を観察しよう

●課題1

子どもの外的な特徴を観察して書き記してください。

まずは、その子どもの外的な特徴を観察してみましょう。髪の質や色、肌の色、目の形や大きさ、手や指、爪の形など、観察できることをできる限り先入観や感情をまじえないで観察し、書き記してみてください。

書き記すということがとても大切なことです。そのとき見えたことを意識にのぼらせるには書くという作業が有効なのです。文字で書き留めるだけでもいいですが、それに加えて絵を描いてみるとなおいいと思います。

子どものどこを見ればいいのか、何を見ればいいのかをわかりやすいように、記録のためのチェックリストを載せておいたので、それを参考にしながら記入してみてください。

ここではわかりやすくするために、ダウン症の子どもを例に課題に取り組みつつ考えてみます。ダウン症の子どもの外観を観察してみると、顔から上にある穴という穴が小さくて細いことに気づきます。私がスイスのゾンネンホーフというシュタイナーの治療教育施設で学んでいるときに担当したマティアスについて示します。

体を見る際のチェックリスト

- □髪の色（黒、茶、ゴールド、シルバーなど）
- □髪の質（ストレート、ウェーブ、硬い、柔らかい、太い、細いなど）
- □顔の形（丸、三角、四角、たまご型、だ円など）
- □目の形（一重、二重、細い、丸いなど）
- □鼻の形（丸い、とがっている、大きい、小さい、穴が大きい・小さいなど）
- □耳の形（縦に大きい、横に大きい、丸い、とがっている、耳たぶが大きいなど）
- □口の形（唇が薄い、厚い、大きい、小さいなど）
- □肌の色（白、青白、黒、茶、黄、赤、赤黒など）

□肌の質（きめが細かい、粗い、できものがある、できものがないなど）
□つめの形（丸い、細長い、四角い）
□筋肉の質（硬い、やわらかいなど）　　　　　　などなど

マティアスの外的な特徴（筆者によるスケッチ）

マティアス（14歳・男）

ゾンネンホーフの特別支援学校８年生。
明るい性格で、よくしゃべり、なんでもよく食べる。
得意なことは、ダンスとお手伝い。ほめられるととても照れる、照れ屋さんな14歳。

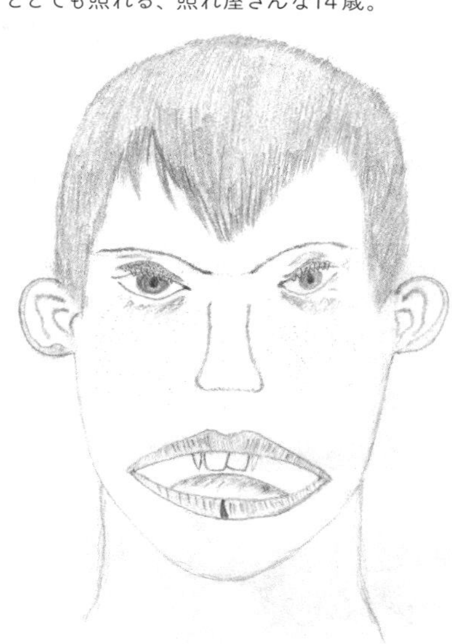

耳の形

耳は真横から見ると、目よりも少し下の位置から始まっていて、とても小さく丸い。耳たぶに当たる部分はほとんどない。耳のふちがいつも赤くなっている。耳は前から見ると広がってついている。耳の穴はとても小さく、耳の穴が真っすぐではないため、中をのぞいても入り組んでいてよく見えない。

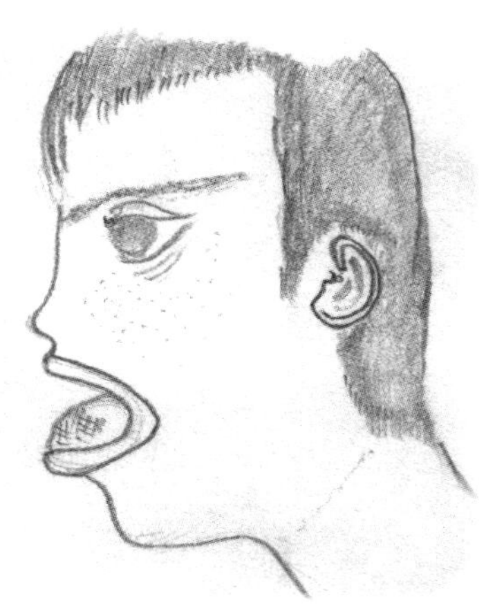

目

目は、顔の中央から互いに離れ気味についていて小さい。
また瞼の上の部分が両目ともに赤くはれぼったくなっていて、赤い斑点がある。目の周りにはしわがたくさんあり、笑うと目の周りだけ年老いて見える。目の下には常にくまがある。まつげは少ない。眉毛は2本ともに細く長い。触ると柔らかい。眉毛は顔の中央でつながっている。遠視であるため、常時眼鏡をかけている。

口の形と特徴

口はいつも開いている。基本的には口呼吸であるため、乾燥するシーズンになるといち早く唇がただれる。

舌の形と特徴

舌はとても長く、伸ばしてみるとあごの下部分に届く。舌の表面は溝のようなしわがたくさんある。

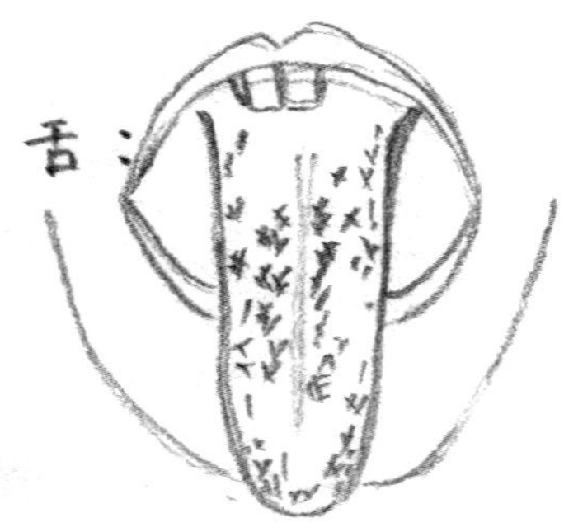

舌の構造

舌を上に動かすと、鼻先まで届く。舌の裏側にある舌小帯がなく、平らになっている。

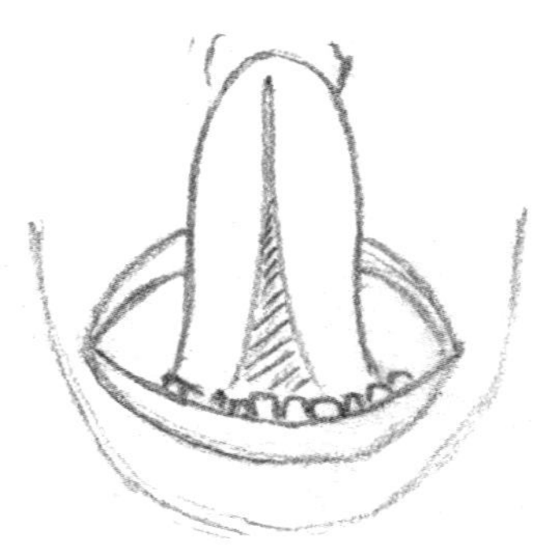

噛み合わせの様子

上あごと下あごの前歯が互いにぶつかり合っていて、その他の歯は全く噛み合っておらず隙間だらけである。

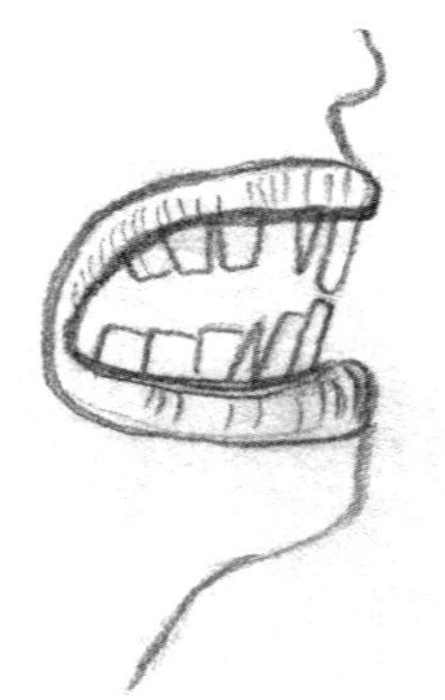

上あご

前歯が2本、隣に犬歯がすぐに生えている。

下あご

前歯が2本＋2本。次に犬歯が来る。犬歯はともに小さい。歯は上下合わせて22本である。虫歯は今のところなく、治療の跡もない。

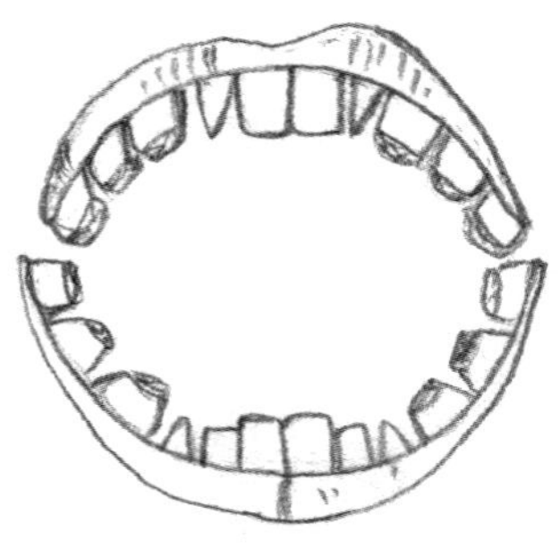

鼻の形

鼻は顔の中央に小さくついている。鼻の膨らみはほとんどなく、丸い小さなかたまりがちょこんとついている。

下から鼻を見ると、鼻だけではなく、鼻の穴から中をのぞくことは非常に困難なほど、穴が小さい。その代わりに穴のまわりの肉の部分が非常に厚い。

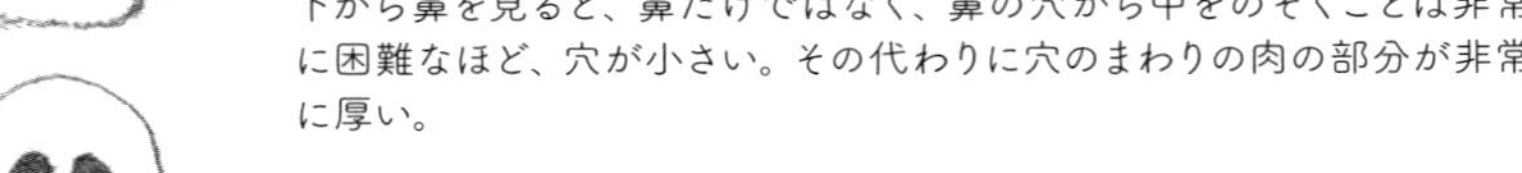

エクササイズをしてみてどうだったでしょうか？　肌の質では、「きめが細かいとか粗い」という表現は自分自身のとらえ方で主観的なものかなとか、「ものを強くつかむ」というのは自分だけの主観だろうか？　など疑問はいろいろわきあがってくると思います。でもそれはそれでとりあえずはよしとします。大事なことはよく観察するということなのです。見る、触る、聞く、においをかいでみる、ときには味わってみる、など五感を使って観察するということが、あなたの「知覚を通す」ということなのです。冷静にあなたの知覚を働かせて外観をとらえてみてください。

ステップ1の「体を見る」では、外科医が臓器の一つひとつを見るように「冷たく覚めた目で見る」ということが重要です。もちろん視覚だけのことを言っているのではありません。外科医が「こうであるはずだ」という偏見を持って臓器を見れば誤診してしまうように、私たちもそうした偏見を持たないで見ることを心がけるということです。

課題2　子どもの全身を絵に描いてみよう

課題2

子どもの全身の絵を見たままに描いてみましょう。

課題1では、まるで外科医が臓器を見るかのように子どもを見てきました。次の課題ではばらばらに観察してきた子どもの特徴をひとつに統合します。

絵を描くということは、文字で表現することとは違った知覚の力が必要であることに気がつくと思います。子どもを描くということは、子どもをよく見なければいけません。

10分くらい子どもを注意深く観察してみましょう。その際の観察のポイントは、課題1のチェックリストの項目を参考にすればよいでしょう。頭と全身の比率、腕や脚と全身との比率をよく観察して描いてみましょう。視覚による観察と同時に、手で触れてみて子どもの質感を感じ取ることも重要です。**この練習では子どもを見たままに、できる限り正確に描く、ということを試みてほしいのです。**

実際に子どもがいる中で絵を描くことができればよいのですが、子どもはじっとしていてくれません。一定の時間じっくりと観察して、その場を離れて一度描いてみるのです。描きながら「あれ、ここの部分はどうだったかな？」という疑問が生じたら、また子どもを観察してみる、ということでもいいでしょう。一通り描いてからまた子どもを観察してみると、描く前後で子どもが違って見えることに気がつくのではないかと思います。

こうした課題を繰り返すことで、子どもの外観に焦点を当て、「あるがままに」見るということができるようになるのです。

ステップ1「体を見る」のまとめ

目的

- 子どもをあるがままにとらえることで、子どもの本質に近づく
  - ・「困ったな」と思う子どもについて冷静に観察する。
  - ・書く（描く）ということで見えたことを意識にのぼらせる。

課題1

- 子どもの外的な特徴を観察して書き記す
  - ・観察できることをできる限り先入観をまじえないで観察し、書き記す。
  - ・外科医が臓器を見るように冷静に観察する。
  - ・チェックリストを参考に記入する練習をする。

課題2

- 子どもの全身の絵を見たままに描く
  - ・部分をばらばらに観察した内容を統合して描く。
  - ・絵を描くということはよく見ること。
  - ・10分くらいよく観察。見たままにできる限り正確に描く。

2-6 アセスメントの練習 ステップ2　心を見る

ステップ2では、子どもの「心」に焦点を当ててみたいと思います。子どもの成長や生命力について、想像力を働かせて見る練習です。

子どもの内側に存在する力を想像する

ステップ1では子どもの外観を「冷たく覚めた目」で見ることを練習しました。外科医が臓器を見るように、子どもの外観について偏見を持つことなく見る練習でした。

ステップ2では、「心」に焦点を当ててみます。

変化し成長を続ける子どもを見るためには、私たちの想像力を必要とします。子どもの動きや形は生命力にあふれています。子どもの内側に存在する力は、冬の硬く小さな木の芽の中に、春の芽吹きや夏の葉の成長などすべての力が存在しているのと同じようにとらえることができます。その小さな体の中には、彼が生まれてきた使命のすべてが内在しています。成長し、自立した大人になり、何事かを成し遂げるための力が、目の前にいる子どもの中には存在しているのです。このページでは、カエデの花芽の成長を例にまずは考えてみたいと思います。

カエデの花芽の成長（筆者によるスケッチ）

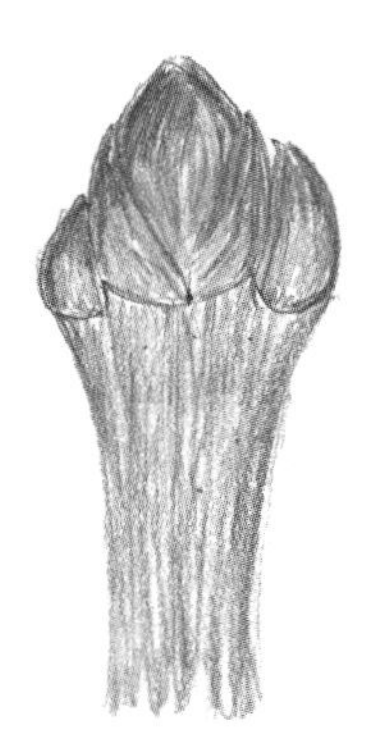

◀カエデの花芽（11月下旬）
固い殻に覆われていますが、この中に、春に花開くエネルギーが詰まっていることを想像できるでしょうか？どんな花が開くのか想像してみましょう。

花芽の膨らみ（4月中旬）
固い殻が膨らんで、黄色く色づき始めています。冬の固さからは思いもよらなかった動きが見られ始めていて、エネルギーの胎動が始まっているかのようです。

カエデの開花（4月下旬）
殻に覆われていた花が一気に開花し、外にエネルギーを発散しています。子どもを見るときも、こうしたエネルギーの放出される様子を想像しながら、かかわることが大切です。どんなに困難な状況にある子どもも、こうしたエネルギーをその内側に秘めているのです。

課題1　あなたが子どものことで「困っていること」って何？

課題1

あなたが子どものことで「困っていること」は何でしょうか？

ステップ2の課題1では、あなたが大人として「困っていること」を、まずは具体的に書き出してみましょう。この課題は、心といううつろいやすく見えにくい対象をつかむことが目的です。心は漠然としていてとらえにくいので、私たちがそれらをしっかりと把握していないと不安を感じ、また漠然としたものが渦を巻き問題を見えにくくしてしまいます。ですから、この課題では、まずは大人が何に困っているのかをしっかりとつかむ練習をしてみましょう。

「困っていること」と言われて、「特に困っていることなどない」と思わないでください。

「困る」こととはある意味とても大切で、一生懸命向き合いながら努力しているときこそ「困ってしまう」のです。人は努力すればするほど困り、迷い、悩むものなのです。ですから、みなさんは「努力しているにもかかわらず、思ったような変化が見られない」ことなどを考えてみましょう。

課題1 あなたが子どものことで「困っていること」は何でしょうか？

課題2　「困っている」具体的場面を思い出そう

課題2

その子どものことで、あなたにとって困ったなという具体的な場面を思い出してください。そしてその状況を書いてみてください。

ここでは、**「困ったな」という具体的な場面を思い出してもらい、そのときの状況を書くということが課題です。**状況を書くときには、いつ、どこで、誰とのことで、どんなことが起きたのか、というように状況を分けてとらえてみることですっきりと書けると思います。

課題2 子どもとのことで困ったなという具体的な場面

・いつ：

・どこで：

・誰と：

・出来事：

課題3　子どもの「困った行動」の背景を想像しよう

●課題3
子どもの「困った行動」の背景を想像しましょう。

ここでは、様々に生じる子どもの「困った行動」の背景を想像してみたいと思います。

なぜ、子どもはそのような行動をするのでしょうか？　実は「困った」ということを出発点にするとき、子どもの行動を一方的な視点から見ていることに気づきます。子どもの行動には必ずその背景（理由）があります。それは子どもに問いただしてみてもわからないことが多いものです。つまり**「困った」という大人の目線から、「なぜこのような行動をしてしまうのか」というように視点を変えて行動の背景を考えてみる**のです。

たとえば、幼稚園に行きたくない子どもの心を描いた絵本『ようちえんいやや』（長谷川義史／童心社／2012年）から考えてみましょう。

たけしくんは、今日もおうちのトイレで「ようちえんいやや」と泣いています。どうしてかと尋ねると「だって園長先生に挨拶するのがいやや」と言います。まなちゃんも幼稚園に行きたくないと言って泣いています。どうしてかと尋ねると「イチゴが好きなのにももぐみやから」と答えます。つばさくんは、「イスのマークがへびさんやからいやや」と言いますし、ののほちゃんは、「合奏のときカスタネットばっかりやからいやや」と言います。こんな調子でたくさんの子どもが毎日のように「ようちえんいやや」と泣いています。

子どもに「行きたくない」理由を聞くといろいろと答えてくれるものですが、その内容に大人が右往左往してはいけません。なぜなら子どもは表面的にはいろいろなことを述べることはできますが、本当に思ったことや考えたことをうまく言葉で表現するのはとても難しいことだからです。

この絵本では最後に「ようちえんいやや」と子どもたちが泣いているのは「おかあちゃんといちにちいっしょにいたいだけ」だからだと教えてくれます。これは絵本ですから最後にこんな種明かしがありますが、実際の子育てではこのようなことは誰も教えてくれません。**子どもが話した内容を表面的に受け取るのではなく、子どもの心の声を聴く必要があるということです。子どもの「困った」行動の背景を、子どもの目線で大人が想像するのです。**

課題3 子どもの「困った行動」の背景を想像しましょう

課題4　具体的場面でのあなたの気持ちをつかもう

課題4

その具体的な場面での気持ちを一言であらわしてみてください。

課題4は、課題2で書き記した具体的な場面で、あなたが感じた気持ちを一言で表現するという課題です。気持ちは漠然としていてつかみにくいので、次の気持ちのリストを参考にしながら、一言で表現してみてください。

課題4 具体的な場面での気持ちを一言で表現する

気持ちのリスト

憂うつ	不安	怒り	罪悪感	恥ずかしい
悲しい	困惑	興奮	おびえ	いらだち
心配	誇り	無我夢中	パニック	不満
神経質	うんざり	傷ついた	快い	失望
激怒	怖い	楽しい	愛情	屈辱
その他	（　　）	（　　）	（　　）	（　　）

気持ちは漠然としているのでつかみにくいと、これまで書いてきました。しかし自分の気持ちというのは、いざ書いてみようとするといくらでも書けることに気づきます。

気持ちは単に1種類であることもあるでしょうし、いくつかの気持ちが混在していることもあるでしょう。混在している場合はそれぞれを一言で表現してみてください。

そして同時にあなたの心に次々と浮かび上がってくる気持ちがあればそれも記載してみてください。

課題5　その子どもとの出来事を思い出して絵に描いてみよう

課題5

その子どものとの出来事を思い出して絵に描いてみましょう。

ステップ2の最後の課題は、子どものことを「思い出して」絵に描いてみるということです。子どもとじっくり過ごした日の夜に、一人で机に向かい、あなたの心の中に浮かぶ子どもの絵を描いてみてほしいのです。これは子どもとあなたを結びつける重要な作業だといえるでしょう。

課題1～4でとらえたあなたの心と、実際の子どもとを結びつけ、さらに子どもの中に存在する力にも想像の翼を広げながら静かに描いてみてください。道具は軟らかい鉛筆でもいいでしょうし、色鉛筆、クレヨン、水彩絵の具など何でもいいと思います。あなたの得意な道具を用意して取り組んでみてください。

「子どもとの出来事を思い出しながら描く」という練習は、「子どものことがよくわからない」、「どうやって子どもにかかわっていいのかわからない」というお父さんやお母さん、保育士、幼稚園や小学校などの先生にはとてもいい練習だと思います。

実際にこのエクササイズに取り組んでみると、机上のみで何時間も会議をするよりも、深く子どもを理解できることに気がつくのではないかと思います。

ステップ2のまとめ

課題1～5まで行ってみてどうだったでしょうか。

ステップ2「心を見る」での目的は「子どもの内側に存在する力を想像する」ということです。

これらもステップ1と同様、容易な課題ではないと思います。自分の心に浮かんできた考えに向き合わなければいけないため、つらい作業をともなうこともあるでしょう。課題4で浮かんできた気持ちがたとえネガティブなものであったとしても、それは全く構いません。浮かんでくる気持ちは自己否定的で肯定的なものでないことも多いものです。それは正常なものであるし、それを否定する必要は全くありません。

まずはそれを認識し、子ども自身や子どもとの出来事はどのようであるのか、つまり事実はどうなのかということと、自分の心に浮かんできたものとは区別してとらえることが重要なのです。

最後に思い起こしながら子どもの絵を描く、ということも慣れるまでは時間が必要かもしれません。うまく描く必要は全くないのです。「思い出しながら描く」という行為が重要なのです。その行為が子どもとあなたを結びつけるのです。

これらは何度も練習して、長い時間をかけて実感できるようになればよいと思います。

ステップ2「心を見る」のまとめ

目的1

- 子どもの内側に存在する力を想像する
  - 変化し、成長を続ける子どもを理解するためには、私たちの想像力が必要。
  - 子どもの小さな体の中には、その子が生まれてきた使命のすべてが内在している。

目的2

- 漠然とした心をつかみ、事実と心を区別する

課題1

- 子どものことで「困っていること」が何かをつかむ
  - 大人が何に困っているのかをしっかりとつかむ練習。
  - 心といううつろいやすく見えにくい対象をつかむこと。

課題2

- 「困っている」具体的場面を思い出す
  - 状況を書くときには、いつ、どこで、誰とのことで、どんなことが起きたのか、という状況を分けてとらえてみる。

課題3

- 子どもの「困った行動」の背景を想像する
  - 子どもの行動には必ずその背景(理由)がある。
  - 子どもが話した内容を表面的に受け取るのではなく、子どもの心の声を聴く。

課題4

- 具体的場面でのあなたの気持ちをつかむ
  - 気持ちというのは、いくらでも長く書くことができるが、結局は一言でも表現できる。気持ちのリストを参考にして、一言で書いてみる。
  - 同時に心に浮かんでくる気持ちも書く。

課題5

- 子どものことを思い出して絵に描く
  - 子どもの中に存在する力を想像しながら静かに描く。
  - これはあなたと子どもを結びつける作業。

2-7 アセスメントの練習 ステップ3　精神を見る

ステップ3では、「精神を見る」練習をしましょう。「子どもが示す困難さ」には必ず何らかのメッセージがあります。そのメッセージを受け取ることがここでの課題です。

子どもの困難さの中にメッセージがある

子どもの本質を理解するための最後のステップは、「精神を見る」ということです。「精神とは何か」ですが、ここでは「運命を導く力の主体」、つまり「目の前にいる子どもの背景にあるもの」ととらえることにしたいと思います（第４章２節を参照）。思い切ってシンプルに表現すると、**「精神を見る」とは「子どもの本質を見る」ということができます。**

● **課題１**

子どもが示す困難さから、あなたはどんなメッセージを受け取りますか？

課題1 子どもが示す困難さから、あなたはどんなメッセージを受け取りますか？

ステップ3での課題はこのひとつです。

ステップ3では、これまで取り組んできた見方とは全く違うことを意識します。それは、子どもから少し離れた視点で子どもを見るという方法であるといえます。

子どもがあなたのもとから離れて、集団の中にいるときのことを想像してみてください。ここでは運動会のときのことを例にして考えてみたいと思います。

子どもの運動会を見に行ってみると、みんな同じ体操服を着ていて、どれが自分の子どもなのかを探すのに苦労することがあります。けれども子どもがとても遠くにいて、顔がはっきり見えないとしても、自分の子どもはパッと目に入るのではないでしょうか。「あ、あれだ！」という感覚。かみなりがピカッと光ったときのように、子どもを見つけたときには何かを感じ取ることができます。運動会でみんな同じ体操服を着ているので、服装で判断するわけでもなく、顔がはっきりと見えるわけでもない。歩き方？ それとも全体の輪郭？ 私たちはそれを意識しているわけではないのに、自分の子どもを見つけることができるのではないでしょうか。

そのときの子どもは、その子であることには違いないけれど、家でいつも見慣れた子どもではなく、「どこか違った感じがする」ということにも意識してほしいのです。

これが子どもの精神を見る＝本質を見ることの基本的な視点です。

精神を見るということを、ここでは次のようにとらえてみることができます。つまり精神を見るとは、「**私たちの内にある無意識的な自分の子どもについてのイメージと、子どもが持っている本質とが、一瞬パッと重なり共鳴し合うこと**」ということです。遠くから子どもを見てそれとわかるとき、私たちは、子どもの姿や形を見ているのではなく、その子どもが持つ精神＝本質を見ているととらえるのです。

困難さの中にメッセージがある

子どもの本質を見ることは容易ではありません。それは、子どもが「困った」行動をしているとき、様々な思いや考えを私たちにもたらすからです。

どうしてこの子はこんなことをするのだろう？
どうして私の言うことを聞いてくれないのだろう？
私はこの子にとって、だめな大人だ。

など、ステップ2で取り組んだときのように、いろいろな気持ちが次々に思い浮かんでくることもあります。というのはこれまで私たちが練習してきたように、事実と「心」とはすぐに結びついて、複雑に絡み合ってしまうからなのです。

ステップ3では、こうした「困難さ」の中に子どもが私たちに伝えようとしているメッセージがあり、それを受け取る、ということを練習します。

子どもの行動やあなたの「心」だけにふりまわされないで、ここでは少し離れたところから子どもを理解しようと努めてください。

子どもを前にしたときに私たちが抱く、次のような「問い」がヒントになると思います。「困ったな」と感じられる子どもへの「問い」です。

①あなたはいったい誰なのですか？
②あなたのこの人生での課題は何なのですか？
③あなたはこの人生の中で何を経験しようとしているのですか？
④あなたは私に何を教えようとしているのですか？

ステップ3「精神を見る」のまとめ

目的1

- 子どもの本質を見る
  - 精神とは「運命を導く力の主体」である。
  - 「子どもが示す困難」さは、子どもの精神のありようを表現しているので、子どもの困難さの背景を見ようとすることは大切。

課題1

- 子どもが示す困難さからメッセージを受け取る
  - 子どもはその本質を、私たちにとっての「困難さ」で表現する。
  - 子どもの行動やあなたの「心」だけにふりまわされないで、ここでは少し離れたところから子どもを理解しようと努める。

2-8 アセスメントの練習のまとめ

子どもの本質を理解するための方法もそろそろ終わりに近づいています。子どもとかかわるときには、その子どもをどういう視点からとらえるかで、その後のかかわり方が全く違ってきます。

1

2

3

4

5

3つの視点にかかわりを持たせながら子どもを見ていくことが必要

この章では、アセスメントという言葉を使い、子どもをどのような視点で見ることができるのかということについて、3つの視点を提示しました。1つ目は医学的な視点として、医学的診断の過程を紹介しました。2つ目は臨床心理学的な視点。そして最後に治療教育的な視点です。

治療教育的な視点としては、「体を見る、心を見る、精神を見る」という方法を3つのステップに分けてみました。みなさんと一緒に取り組むことができるように、ワークショップ風に、ワークシートに記入するようにして、ここまで書き進めてきました。

私は、これら3つの視点を、独立させるのではなく、相互にかかわりを持たせながら子どもを見ていくことが必要なのだと考えています。子どもを見るときには、医学的な視点や臨床心理学的な視点も必要なときがあると思います。そのときにはその専門家と協力しながら子どもを見ていきたいと考えています。

また、治療教育的な見方をすることも必要であると思います。ひとつだけの見方に限定してしまわないことが大切なのだと私は考えています。

医学的な視点、臨床心理学的な視点、治療教育的な視点という3つの見方をまとめたのが次の図です。

この章では治療教育的な見方を中心に「子どもの本質を見る」ことを目的として、ワークショップ風に進めてきました。この目的が達成されるかどうかは、みなさんの今後の実践に委ねたいと思います。

子どもの本質を理解するための様々な方法

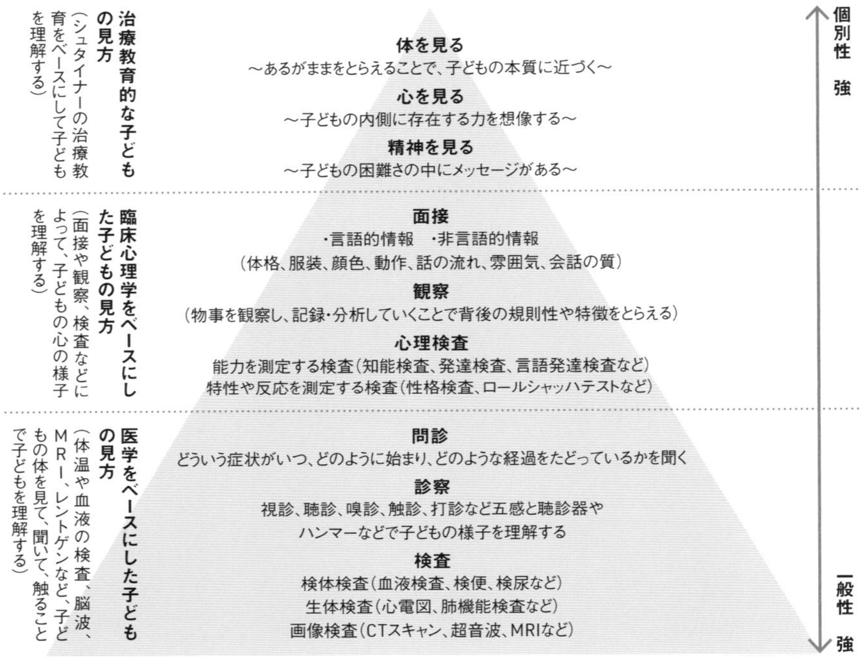

個別性 強 ↑↓ 一般性 強

治療教育的な子どもの見方
（シュタイナーの治療教育をベースにして子どもを理解する）

体を見る
～あるがままをとらえることで、子どもの本質に近づく～

心を見る
～子どもの内側に存在する力を想像する～

精神を見る
～子どもの困難さの中にメッセージがある～

臨床心理学をベースにした子どもの見方
（面接や観察、検査などによって、子どもの心の様子を理解する）

面接
・言語的情報　・非言語的情報
（体格、服装、顔色、動作、話の流れ、雰囲気、会話の質）

観察
（物事を観察し、記録・分析していくことで背後の規則性や特徴をとらえる）

心理検査
能力を測定する検査（知能検査、発達検査、言語発達検査など）
特性や反応を測定する検査（性格検査、ロールシャッハテストなど）

医学をベースにした子どもの見方
（体温や血液の検査、脳波、MRI、レントゲンなど、子どもの体を見て、聞いて、触ることで子どもを理解する）

問診
どういう症状がいつ、どのように始まり、どのような経過をたどっているかを聞く

診察
視診、聴診、嗅診、触診、打診など五感と聴診器や
ハンマーなどで子どもの様子を理解する

検査
検体検査（血液検査、検便、検尿など）
生体検査（心電図、肺機能検査など）
画像検査（CTスキャン、超音波、MRIなど）

第3章

「気になる子」の理解と対応のポイント

3-1 「気になる子」への基本的なかかわり方

気になる子への支援は「子どもが自分でできることは自分でしてもらう。できないことはできるように支援する」ことが基本です。ここでは「支援の6原則」について考えてみましょう。

原則1　子ども目線で理解＆支援「問題行動はメッセージ」

気になる子がクラスにいると、保育者が「困って」しまいます。でも、困っているのは実は子どもです。気になる子が示す「問題」には必ず理由がありますから、なぜそのような行動を示すのかについて考えましょう。

気になる子の問題行動は「メッセージ」です。子どもたちが「問題行動」で示す言葉に耳を傾け、その意味することを理解しようとするだけで、子どもと保育者の関係に変化が生じます。ある障がいのある方が私にこう言いました。「僕たちを理解してください。理解のない支援はいりません」。

ベテラン保育者になればなるほど、診断名や過去の経験によって子どもとかかわってしまうことがあります。同じ診断名だとしても一人ひとりの背景は異なっていますので、子ども自身を理解し、具体的な支援方法を考えましょう（第1章5節「子どもの行動の背景を理解しよう」参照）。

原則2　早く気づいて、時間をかけて

乳幼児とかかわる際、行動が気になり支援が必要な場合は、早く気づくことは大切です。早く気づくことでのメリットは、以下の3つがあげられます。

- **①親も子どもも不必要な罪悪感や劣等感を抱かなくて済む**
- **②長い時間をかけて支援することができる**
- **③不適切なかかわりが最小限になるので、二次的な問題が生じにくい**

ただ、上記のメリットがあるからといって、気になる子はすべてすぐに医療機関や療育機関につなげればいいかというとそうではありません。なぜかというと、子どもの発達には、個人差があり、一般的な発達よりも早い子どももいれば発達がゆっくりな子どももいます。

たとえ発達がゆっくりであったとしても、どの子どもにも「伸びしろ」があり、一人ひとり置かれた環境も違うため、「障がい」と決めつける態度は禁物です。

また、親の子ども受容の問題もあります。医療機関などで診察し必要ならば診断をもらい、療育へつなげていくことがふさわしいと思われる子どもでも、病院へ連れて行き、療育の申請をするのは親です。親が納得し、理解できないまま専門機関を勧めてもなかなかうまくいきませんから、まずは親との信頼関係を保育者は築くことが大切になります。

したがって、保育者が子どもの特性に早く気づいて、保護者とのかかわりは時間をかけて、ということが大切なのです。

原則3　近づいて、短く具体的に伝える

保育現場では子どもに、言葉で伝えることが多いと思います。**言葉で伝える際は、「近づいて、短く、具体的」に伝えましょう。**

たとえば、食事中立ち歩いてしまい、なかなか席に着くことができない子には、まずは近づいて、「座ってご飯を食べようね」と言います。

保育現場は忙しいですから、ついつい正反対の伝え方をしてしまいます。遠くから、大きな声で、長々と抽象的に言ってしまうのです。つまり（大きな声で

遠くから)「〇〇くん何やってるの? 先生いつも言ってるよね、どうするんだったかな? そんなことしてたら先生ごはん食べちゃうよ。おやつだってないんだからね!」という感じです。これでは、子どもは何をすればよいのかわかりませんので、「近づいて、短く、具体的に」伝えてみましょう。

原則4 ほめるが10倍

気になる子は、みんなと一緒に行動できず、不適切な言動が多く見られるので、叱られることが多いものです。保育者は、不適切な行動が見られたときに、気になる子にかかわるために、叱る場面が増えてしまいます。

実は気になる子へのかかわりは、何かが生じたときではなく、何も生じていないときが大切なのです。何も生じていないときに、保育者がたくさんかかわって、「ほめる」のです。

「気になる子はほめるようなことをしないので、ほめられない」という話をよく聞きますが、ほめるとは「あなたのことをしっかり見ているよ、認めているよ」ということです。つまり「ほめるとは認めること」なのです。気になる子は叱られたり注意されたりすることが多いので、1回叱る前に、10回ほめることを心がけましょう。

ほめることは認めること、叱ることは伝えることです(原則5参照)。

原則5 叱ることは伝えること

原則4でも述べたように、気になる子は叱られたり、注意されることが多いものです。しかし、ときに保育現場でも家庭でも、子どもに怒りをぶつけてしまったり、子どもに罰を与えるような叱り方になってしまうことがあります。たとえば「何回言ったらわかるの!」「もういい加減にして!」とか、「そんなことしたらサンタさん来ないからね」「おやつなしだよ」という叱り方です。しかし、これでは何をどうすればよいのか、子どもには伝わりません。

叱るとは、子どもに「何をどうすればよいのか伝えること」なのです。ですからシンプルに「座ろうね」「手を洗おうね」「着替えようね」と子どもに伝わるように伝えるのです。叱りつけても伝わらないので、伝え方を工夫しましょう。

原則4の「ほめることは認めること」とともに、「叱ることは伝えること」と理解しておくと感情的に怒りをぶつけることも少なくなっていくと思います。

原則6 みんなが特別！

保育現場で特別支援をするときに、必ず出会うことが、「あの子だけずるい」という問題です。気になる子への理解と支援ができたとしても、その気になる子だけ特別扱いすることに対して、保護者も子どもも「あの子だけずるい」という思いを抱くことがあります。また、保育者も「この子だけ特別扱いはできない」と考えたりします。

しかし、**特別支援の原則は「みんなが特別」ということです。**確かに、気になる子への支援は生活場面ではたくさん必要かもしれません。みんなと一緒に行動するときも、食事のときも、遊びのときも、様々な場面で気になる子への支援は必要です。ですから「この子にだけ時間をかけるのは不公平であるような気がする」と思うのも無理はありません。しかし、その他の子どもにも必要に応じて支援を行います。たとえば、親の仕事が忙しく、親子で触れ合う時間の少ない子には、保育者が少し時間をとってその子と触れ合い遊びをするとか、アレルギーのある子には食事面で細心の注意を払ったりします。「あの子だけずるい」や「この子だけ特別はできない」ではなく、「みんなが特別」ということで、必要な子どもへ必要な支援をするということが気になる子支援の原則であるといえます。

1
2
3
4
5

3-2 子どもの心と体を育てる4つの感覚から「気になる子」の行動を理解しよう

子どもの心と体を育てるための視点として、ここでは「感覚を育てる」ということに焦点を当てて考えます。

発達の土台となる4つの感覚を育てよう

特に発達の土台となる「**触覚**」「**生命感覚**」「**運動感覚**」「**平衡感覚**」という4つの感覚を育てることが、「気になる子」の心と体を育んでいきます。これらはシュタイナーの治療教育における感覚論をベースにしています。

「触覚」は、触れ合うことを通して安心、信頼を育んでいくことが中心です。

「生命感覚」は、「食べる・寝る・遊ぶ」を中心とした生活リズムをつくることで、自律神経を整えます。

「運動感覚」は、自分の体の大きさや関節の動き、筋肉の伸縮などを知覚することで、自由に動く体へと導きます。

「平衡感覚」は、回転や前後上下左右の動きを知覚し、外部空間と自身との関係を知覚します。

保育現場で子どもが見せる様々な行動も、これら4つの感覚を通して理解し、かかわっていくことができます（詳しくは第４章６節参照）。

発達の土台となる4つの感覚

触覚　生命感覚　運動感覚　平衡感覚

発達が気になる子への理解と対応①

3-3 言葉の発達がゆっくりな子

ここでは発達全般について、気になる子への理解と対応について考えます。まずは言葉の発達がゆっくりな子です。言葉の発達がゆっくりだからといって＝「障がいがある」わけではありません。一人ひとりの発達をしっかり見て、必要なときは専門機関へつないでいきましょう。

1. 発達の個人差によるもの

◉背景の理解

言葉の発達は目立つので気になりますが、同じ月齢でも早い子もいればゆっくりな子もいます。

◉対応：3歳までの言葉の発達過程を理解する

0歳～1歳まで

・クーイング（「アー」「クー」など）、喃語（「バブバブ」など）。

・指差しができる、共同注意ができる。

1～2歳まで

・単語（「ママ（お母さん）」「マンマ（ごはん）」「ブ―ブー（車）」などの単語が出てくる。

・単語がつながって2語文になる。

2～3歳まで

・2語文が増える。「ブーブー　キタ（車が来た）」「ワンワン　イタ（犬がいた）」など。

・指差しながら「これなに？」など、質問が出る。

・3語文が出始める。「ママ、オウチ、カエル」「クルマ、コッチ、キタ」。

2. 環境の影響によるもの

◉背景の理解

周囲からの言葉かけが少ない、スマートフォンやタブレット、テレビなどを1日中見て育っている場合など、言葉を学ぶ機会が少ない場合、言葉の発達が遅れる場合があります。

◉対応：言葉の発達を促すポイント

まずは愛着を育てよう

子どもと毎日スキンシップをとりましょう。着替えや食事、お風呂（園ではプール）、トイレタイム、お昼寝の際の寝かしつけなど、毎日保育現場でしていることは大切なスキンシップタイムです。毎日スキンシップを行うことで、「先生大好き」、「パパ好き」「ママ好き」、「一緒って楽しいな」など人を好きな気持ちや信頼する気持ちを育てていきます。

子どもをほめよう

ほめられることはうれしいことです。保育者が子どもを、身振り手振りを交えてスキンシップをとりながらたくさんほめることで、子どもは「うれしい」「またほめられたい」と思います。言葉に加えて、タッチ、ハグ、拍手、なでるなど様々な仕方でほめましょう。

保育者が代弁し、いろいろな言葉を話して聞かせよう

「おはよう」「いただきます」「ありがとう」「ばいばい」など、保育者や親が繰り返し話している姿を見せることで、挨拶することや楽しい雰囲気が伝わります。また、保育者がいろいろな言葉を発することで、子どもは語彙を増やしていきます。たとえば、「りんご」という言葉でも、「赤くておいしそうなりんごだね」「まあるいね」とか、食べたときに「甘いね」「シャリシャリするね」など、五感を使った表現をすることで、生き生きとした言葉を子どもは知ることができます。

ただ、無理に子どもに話させようとしてはいけません。言葉は「うれしい」「楽しい」という気持ちが育ってくると「伝えたい」という思いにつながります。無理に「はい、言ってごらん」と促すと、言葉はなかなか出てこなくなるので、注意が必要です（言語の専門家による療育は除きます。あくまで、保育現場や家庭での話です）。

3. 知的な遅れや発達障がいが疑われる場合

◉背景の理解

知的な発達の遅れや発達障がいが疑われる場合も、言葉の発達が遅れることがあります。

◉対応

1歳半健診までに

・指差しやアイコンタクトがない。

⇒1歳半健診で医師や保健師、心理士に相談しましょう。

⇒保健センターなどで実施される親子教室に参加しましょう。

3歳の誕生日（3歳児健診）までに

・指差しやアイコンタクトがない。

・共同注意がない。

・絵本を読んでもらいたがらない。

・発語がない（あっても単語で数語のみ）。

⇒3歳児健診で医師や保健師、心理士に相談しましょう。

⇒保健センターなどで実施される親子教室に参加しましょう。

⇒複数当てはまれば、医療機関での受診をお勧めします（3歳以降）。

4. 聞こえの問題と口腔内の状態により発語に影響が出ている場合

◉背景の理解

耳の聞こえの問題（滲出（しんしゅつ）性中耳炎など）や、口腔内の状態（舌小帯の長さや口元の筋肉の発達など）により、発語に影響が出る場合があります。

◉対応：耳鼻科や小児科で耳や口腔内を診てもらう

言葉を発するためには、耳で言葉を聞き、また全身の中で最も微細な運動を要する口腔内や、肺、鼻腔など様々な器官を連動させる必要があります。舌の運動面に支障をきたす舌小帯の短さや口元の筋肉の状態、滲出性中耳炎などを、耳鼻科や小児科で診てもらうことも視野に入れましょう。

3-4 発達が気になる子への理解と対応②
じっとしていられない子

頻繁に立ち歩き、ときに外に飛び出して行ってしまう子どもがいます。刺激に対しての反応が極端に大きく、ちょっとしたことで体が反応してしまいます。静かで落ち着いた環境になるように配慮しましょう。

1. 刺激が気になり、大きく反応してしまうケース

◉背景の理解

視覚や聴覚から入る刺激に対して過敏で、そうした刺激に体が反応してしまいます。一般的にはセレクティブアテンションとか、カクテルパーティー効果といい、必要な情報だけを選択的に受け取ることができますが、こうした子どもはそれが難しいのです。したがって不必要な情報まで受け取り、反応してしまいます。

◉対応：刺激の少ない環境を心がける

窓にはカーテン、棚には布をかける、不必要な壁面の製作物を取り除いて、シンプルな保育室にします。棚の上にファイルや書類、先生の荷物やCDデッキなど子どもにとって重要ではないものがゴタゴタと置いてあれば、見えないところに片づけましょう。音について、完全に遮断することは難しいかもしれません。それでも、保育者が大きな声を出して子どもたちに話しかけていないか、トイレや廊下につながるドアが開け放たれていないか確認しましょう。保育者の大声は保育全体をざわつかせますし、ドアが開いていれば、必要のない音が入りやすくなります。

2. 運動感覚の未成熟さから、姿勢を保つことができないケース

◉背景の理解

運動感覚は、自分の体の大きさを知覚し、筋肉や関節の動きをコントロールします。体幹も運動感覚に含まれます。じっとしていられない子は、運動感覚

が未成熟で、姿勢を保持する力が弱いために、座っていられない、ウロウロと歩き回ってしまうことがあります。

◉対応：運動感覚を育てる

幼児期に運動感覚を育てるための一番の方法は、手足を思いっきり動かして遊ぶことです。じっとしていられない子に、「動かないで」というのは困難なことですが、登園後の自由遊びの時間に、体を思いっきり動かして遊ぶことで運動感覚が育ちます。ブランコ、ジャングルジム、鬼ごっこ、竹馬、竹ぽっくり、一輪車、バイク、三輪車、などを思う存分することで運動感覚が育ち動きのコントロールがうまくなります。即効性はありませんから、毎日継続することが大切です（第1章6節「教える支援と育てる支援」参照）。

3. 活動がわからない、興味が持てないケース

◉背景の理解

そもそも何をするのか、わかっていないために不適切な行動を繰り返していることもあります。わからないため、興味が持てない、それで座っていられずに歩き回っていることも考えられます。

◉対応：子どもが理解できるように伝える工夫をする

伝え方の基本は、P.71の＜原則3＞で示したように「**近づいて、短く、具体的に**」です。じっとしていられない子の中には、口頭で伝えられただけでは理解できない場合も多いので、実際にやってみせる、映像や写真、実物を見せるなど具体的な伝え方の工夫が必要です。全員に伝えた後で個別に伝えるとより効果的でしょう。活動内容を理解し、見通しを持つことで、座って活動できる時間が長くなるでしょう。

3-5 発達が気になる子への理解と対応③ パニックを起こす子

保育中に急に泣き叫んだり、乱暴な行動を始めたり、頭を床に打ちつけたりする子どもに出会います。保育者には理由がわからず、子どもに聞いても答えないため困惑してしまいます。泣き声が大きく、行動も激しいので保育に大きな影響が出てしまいますが、どのようなパニックにも必ず本人なりの理由があります。その理由を考えてみましょう。

1. 予想していたことと違うことがあった

◉背景の理解

一般的に大人も子どもも1日を見通しを持って過ごしています。しかし気になる子は見通しを立てることが苦手で、次に何が生じるのかがわからないことが多いもの。そして1日の予定を間違って理解していることもよくあります。本人が予想していたことと違うことが始まると、修正がきかずにパニックになってしまうのです。

◉対応：スケジュールを提示して、1日の見通しを持てるようにする

子どもが見通しを持つことができるように、1日のスケジュールを提示しましょう。その際、子どもに伝わることが大切です。

ポイントは、事前に伝える⇒少し前に伝える⇒直前に伝える、というように何回かに分けて事前に伝えることです。

言葉がわかる子には⇒「短く具体的に」伝えます。

言葉の理解より視覚的な理解が得意な子には⇒写真や絵、実物で伝えます。

1日のスケジュールを目に見える形で提示してあげましょう

2. 不快に感じることが生じた

◉背景の理解

パニックを起こす子どもの中には、感覚が過敏な子どももいます。他の子どもにとっては不快ではない刺激でも、感覚過敏のある子どもには苦痛であることがあります。特に音には注意が必要で、たとえば、先生が大きな音で演奏するエレクトーンの音、CDデッキから流れる音や機械音が不快、女性や子どもの甲高い声に反応する子どももいます。また、子どもたちが大きな声でうたう声が耳に響き、泣き出すことさえあります。

◉対応：パニック前後の状況をよく観察して、過度に反応している刺激を取り除く

まずは、状況の観察をしてください。そして過度に反応している刺激を除去します。たとえば、タイマーなどの機械音に反応しているのであれば、タイマーが鳴らないようにします。保育者が演奏するエレクトーンに反応しているのであれば、音を小さくしたり、他の楽器に変えてみるなどです。「刺激にはいずれ慣れるから我慢させる」ことは、活動そのものに否定的な感情を抱いてしまいますから逆効果です。**「本人だけに我慢と努力を強いる」から、「環境を整える工夫」を考えましょう。**

タイマーの音やCDプレーヤーから流れる音楽など、
刺激となるものを取り除きましょう。

3. 不安と恐怖が抑えられない

◉背景の理解

パニックを起こす子どもの中には、不快な状況が再度やってくるのではないかと常に不安を抱えている場合があります。また、一度パニックが生じてしまうと、気持ちが動揺し、その動揺した気持ちをなかなか元に戻せない子どもも多いものです。

◉対応：安心できる環境を設定する

パニックは「トラウマ」のようになることがありますから、同じような状況になると思い出して再度パニックを引き起こします。ただ、パニックになったからといって、すぐに別室で別行動をさせればよいということではありません。**パニックになってしまったら、静かな安心できる場所で落ち着くまで見守りましょう。**そして少し落ち着いたら保育室の片隅でもよいですから、他の子どもと活動を共有できればよいです。少し離れた場所から活動を見て、聞くことにより次の機会に参加できるようになる場合もあります。

子どもがパニックになってしまったら、静かな安心できる場所で落ち着くまで見守りましょう。

発達が気になる子への理解と対応④

3-6 切り替えができず、こだわりが強い子

次の活動への切り替えができない子どもがいます。決まった道順にこだわるとか、特定の遊びにこだわるなどの行動も見られます。こだわりの背景には「不安」があることが多いものです。不安を取り除くような支援を考えましょう。

1. 不安が強い

◉背景の理解

大きくとらえると、こだわりの背景には「不安」があるということができます。「わからない」ために「不安」。だから「今わかっていること」や、「知っていること」に固執するという連鎖が生じます。

◉対応：わからないことや不安な状況をなくす支援を考えよう

✣朝の会の時間になっても、園庭から部屋の中に入らずずっとブランコで遊んでいる子には…

1）活動前に、何時に何をするのか事前に知らせておく。

2）外遊び終了の少し前に、何時になったらお部屋に入り、次は何をするのかを知らせる。

3）時間になったら、活動の終了と次の活動を知らせる。

4）それでも切り替えができなければ、「アディショナルタイム」ありで、アラームを1分にセットしたり、「10数えたらお部屋に行こう」などと誘ってみる。

※保育者がイライラして「何回言ったらわかるの？」などと余計なことは言わないように注意しましょう。

✣石を溝に落とすことを繰り返し、活動に参加できない子には…

遊びや活動の幅を広げることができないために、感覚的な遊びを繰り返している場合には、保育者が遊びを一緒になって展開していくことをお勧めします。

次の活動が始まる前までに、以下のような関係づくりを心がけます。

1）不適切な遊びでなければ、子どもと一緒に感覚遊びをしてみる。子ども目線で一緒に遊ぶ姿勢が大切。

2）保育者に気づいて目が合ったらすかさず、言葉をかける。

3）子どもの小さなサイン（目を合わせる、笑顔になる、葉っぱを渡してくる、声を発するなど）を見逃さず、やりとりを続ける。

4）関係づくりから、次の活動が何かを子どもにわかるように伝える（言葉、身振り、絵や写真、実物などを使用して）。

外遊びを始める前、外遊び終了の少し前、終了時間と、
その都度行動の予定などを伝えて子どもを安心させましょう。

3-7
発達が気になる子への理解と対応⑤ 攻撃的な言動をとる子

他の子どもを叩いたり、突き飛ばしたり、噛みついたりと乱暴な言動を見せる子どもの理解と対応について考えましょう。

1. 自分の思いを言葉で伝えられない

◉背景の理解

複雑な思いを言葉で表現することは大人でも難しいものです。特に乳幼児の場合、言葉よりも先に手が出てしまう場合は、思いを言葉で表現できないことが背景にあります。

◉対応：保育者が子どもの気持ちを代弁する

言葉でうまく気持ちを表現できないために、乱暴な行動になってしまう子どもは、他児とのやりとりの中で少しずつヒートアップします。**興奮する少し手前で保育者が介入し、子どもたちの気持ちを代弁します。**

興奮が収まらないようであれば、少し離れた場所でクールダウンさせましょう。落ち着いたところで、「〜が嫌だったね」と共感しつつ「貸してって言えばいいんだよ」「今使ってるから待っててね、って今度は言おう」などと教えることも大切です。

2. ついカッとなり、衝動的な行動になる

◉背景の理解

衝動的な気持ちを抑えられずに、カッとなったらすぐに噛みつく、突き飛ばすなどの行為が出てしまうことがあります。背景には、環境からの刺激に大きく反応してしまうことが考えられます。

◉対応：落ち着いた環境設定を心がける

衝動性が強く、カッとなるまでの時間が短い子どもは、さっきまで穏やかだっ

たのに気がついたら「がぶり」と噛みついていることがあります。**環境からの刺激に反応して行動することが考えられるので、保育室を静かで落ち着いた環境に設定することが大切です。**保育室が雑然としていないか、部屋の外から音が響いていないか、部屋全体がザワザワしていないか、保育者が大きな声を出していないか一度環境をチェックしてみましょう。

落ち着いた環境であったとしても噛みつきや手が出てしまう行為が頻繁に出ることもあります。その場合は、以下の手順で取り組んでみましょう。

1）手が出る前に止める。
2）どのような状況で噛みつきや乱暴な行為が出るのか、対象は誰が多いのかなど状況を把握する。
3）保護者の方と話し合う（事実についてのみ伝えて、「保育者が困っている」「医療機関に行ってください」などとは言わない）⇒保護者への伝え方については、第3章18節「保護者との関係づくり」を参照。

3. 自分のほうを向いてほしい、気にかけてほしい

◉背景の理解

大人に気にかけてほしいときに、友だちに手を出してしまう子どももいます。その場合は、大人の顔色を見ながら乱暴な行動をすることが多いようです。

◉対応：乱暴な行動に注目せず、それ以外のよい行動をほめる

保育者に自分を気にかけてほしいことから、乱暴な言動など不適切な行動を示す場合は、それらの行動に注目しすぎないほうが得策です。乱暴な言動⇒保育者が構ってくれる⇒乱暴な言動が増える、ということにつながってしまうからです。

不適切な言動が見られた際は「貸してって言えばいいんだよ」「ごめんね、って言うんだよ」とシンプルに教えます。そして何かが起こる前の何でもないときに、その子とたくさんかかわって遊びましょう。**何でもないときに望ましい行動をたくさんほめて、認めることで、乱暴な言動など不適切な行動は減っていくと思われます。**

3-8 友だちとのかかわりが少ない子

おとなしく一人で遊ぶのが好きで、保育者や決まった友だちとしか遊ばない子がいます。友だちに関心を示さない場合もあります。

1. 友だちに関心がない

◉背景の理解

発達障がいの傾向にある子どもは、友だちへの関心が薄い場合があります。一人で遊ぶことが好きで、保護者は育てやすい子だと感じていることもあります。おとなしい性格の場合、保育現場でも見逃されることがありますので、丁寧なかかわりが大切です。

◉対応：まずは保育者との1対1の関係を深めることで、友だちにつなげる

友だちへの関心が薄い場合、**まずは保育者との1対1の関係性を深めていくことが大切**です。人とかかわることの楽しさを味わいつくした後で、保育者が他児との関係につなげていきましょう。

特に入園後や新年度の時期などは誰でも緊張し、不安な気持ちになるものです。無理に子ども同士の関係をつくろうとせず、園が楽しい場所であることや、安心して過ごせる場所であるように見守ることも大切です。

2. 言葉の理解が少なく、やりとりに自信がない

◉背景の理解

言葉の発達と他の子どもとのかかわりには関係性があります。ある程度言葉がある場合でも、言葉の発達がゆっくりだったり、同じ月齢の子どもに比べて言葉が遅い場合は、注意が必要です。

3歳児以上になると言葉でのやりとりが増え、4～5歳児では複雑な言葉を介したコミュニケーションスキルが必要になってきます。この時期になると言葉

の理解や発語に多少の遅れが見られるとスムーズにやりとりができず、自信のなさから友だちとのかかわりを避けるようになることがあります。

◉対応：子どもの強みに働きかけて、友だちにつなげる

言葉の発達などがゆっくりな子は、自信を持てずに友だちとの関係に積極的になれないことが多いものです。保育者は、その子の得意なことに目を向けて、そこから他児とつなげていくようにします。なわとびが上手にとべる、好き嫌いなく食べられる、やさしい、足が速いなど子どもには何かしら「強み」があるはずですから、そこに目を向けて他児とのかかわりのきっかけにしましょう。

まずは保育者との1対1の関係性を深めてから、
他の子との関係につなげていきましょう。

3-9 生活の中での気になる子への理解と対応①
登園を嫌がる

初日から泣いて登園を嫌がる子、しばらくしてから登園しぶりが見られる子など様々ですが、登園を嫌がる子はどんな気持ちなのでしょうか？

1. 初めての園生活で不安

◉背景の理解

子どもにとって園生活は初めての社会生活です。家庭の生活リズムとは違った園生活をイメージできず不安になるのは自然な気持ちといえます。「他の子は初日から泣かずに通えてるのに」と思うかもしれませんが、育ちは人それぞれですから、園が安心できる場所になるよう心がけましょう。

◉対応：園での生活を目で見てわかるように示す

園生活のリズムがわからないようであれば、1日の生活リズムを目で見て理解できるように絵や写真で示します。特に行事などがある場合は不安が募るので有効です。

1日の生活リズムだけでなく、1週間の予定もおおよそ示すことができれば、子どもにとってより安心です。

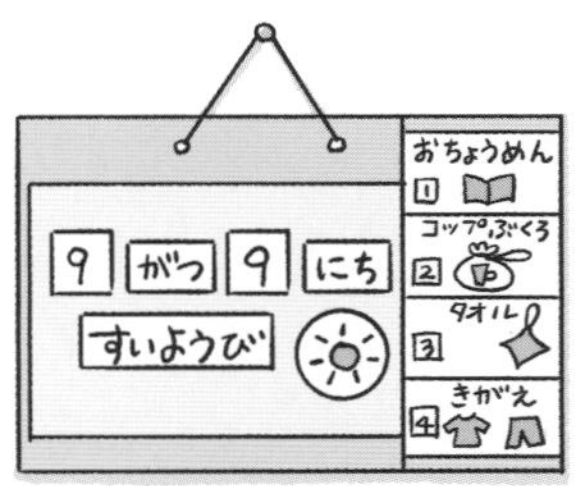

今日の日付に加えて、毎日登園後にするしたくをわかりやすく示すことで、子どもは安心します。

金曜日は人形劇、土日はおうち（園はお休み）、火曜日は身体測定、水曜日は写真の先生が担当でおやつはなし、などと1週間の予定をわかりやすく示すことで子どもは安心します。

2. 何か嫌なことがあった、もしくは嫌な活動がある

◉背景の理解

子どもにとって園は、大きな役割を果たします。園で友だちといざこざがあったなど嫌なことがあったり、うまくできないから嫌と思うような活動があれば、大きなストレスになることも。大人にとっては些細なことでも、子どもにとっては大問題だったりします。言葉でその気持ちをうまく表現できないことも多いですから、注意が必要です。

◉対応：園で安心して過ごせる配慮を考える

①わかりやすい係を担当してもらい達成感を

メダカにえさをあげる係、花に水をあげる係など、簡単でできる係を担当してもらうことで自信と達成感を持てるようにします。

②保護者との信頼関係を築く

ときに保護者の不安が子どもに影響している場合があります。保護者に1日の様子を伝えたり、家庭での様子を聞くことで保護者も安心して子どもと離れられるようになります（第３章18節　「保護者との関係づくり」参照）。

3. お母さん（お父さん）と離れたくない

◉背景の理解

初めて両親から離れての園生活である場合、不安が募って、登園しぶりが見られることもあります。これも「1. 初めての園生活で不安」と同様、自然な気持ちです。

◉対応：園で安心して過ごせる配慮を考える

前項で示した「1.初めての園生活で不安」「2.何か嫌なことがあった、もしくは嫌な活動がある」と同様、背景には不安があると考えられます。子どもも保護者も安心できるような環境設定と関係づくりを心がけましょう。

生活の中での気になる子への理解と対応②

3-10 みんなとの遊びに参加しない

子どもの同士で遊ぶには様々なルールを学ぶ必要があります。そのルールがわからないとうまく子ども同士で遊べません。

1. 一人遊びが好き、集団での遊びに興味がない

◉背景の理解

気になる子の中には、人とかかわって遊ぶよりも、車や電車を走らせて遊んだり、感覚遊びが好きであるなど、一人で遊ぶほうが好きで、集団遊びに興味を示さない子どもがいます。一人で遊んでいるところに他の子どもが入ってくるだけで、怒ってしまうことがあるので注意が必要です。

◉対応：一人遊びは尊重しつつ、保育者との1対1での遊びに発展させる

一人遊びが悪いわけではないですから、子どもの遊びは尊重しながらも、ときに他者とかかわる体験もさせたいものです。**いきなり子どもだけの遊びに入れてしまうのではなく、まずは保育者との1対1から始めてみましょう。**3歳くらいになれば「いらっしゃい」「～ください」など役割を体験するなどもできるかもしれません。まずは、保育者と1対1でやりとり遊びにじっくり取り組んで、その後、他の園児にも買い物に来てもらうなど、関係を広げていくことができればよいです。

2. 仲間に入れてもらうなど、一緒に遊ぶためのルールがわからない

◉背景の理解

本来は友だちと一緒に遊びたいのだけれど、「入れて」が言えないとか、遊びのルールがわからないので仲間に入れない場合があります。子ども同士の遊びは、ルールがないものや時間の経過にしたがってルールが変化していくようなゆるやかな枠組みの中で展開される場合もありますので、わかりにくいことがあります。

◉対応：保育者と一緒に「入れて」を言ってみる

「入れて」「貸して」「後でね」などを言葉で言えるようになるのは、幼児期の大事な課題です。集団で展開される遊びの場合、特に「入れて」は大切なスキルです。無理に言わせてもこうした言葉は出にくいですから、保育現場では、以下のように段階的に実践してみましょう（右ページイラスト参照）。

1）（子どもを横に連れた状態で）保育者が「入れて」と言い、お手本を見せる。
2）子どもと保育者が一緒に「入れて」と言う。
3）子どもが一人で「入れて」と言う。

3. 発達がゆっくりで、年齢相応の遊びができない

◉背景の理解

気になる子の発達がゆっくりな場合、年齢相応の言葉の発達やコミュニケーションスキルがなく、同年齢の子どもとうまく遊べないことがあります。一方で1～2歳年下の子どもとはうまく遊べることもあります。異年齢保育であれば目立ちませんが、横割り保育の中では、友だちと一緒に遊ぶことができず、トラブルが発生するなど目立つことがあります。

◉対応：「トムとジェリー型の遊び」中心の子どもには、ルールに幅を持たせる配慮を

発達がゆっくりな気になる子は、ルールのある遊びよりも、ちょっかいをかけて追いかけられて部屋中をドタバタしながら遊ぶことのほうを好みます。私はこれを「トムとジェリー型の遊び」[*1]と呼んでいます。

こうしたタイプの子どもは、厳しいルールの中では楽しく遊べませんから、少しゆるやかなルールを適用することをお勧めします。たとえば、「オニごっこでオニにつかまってもオニにならない」「だるまさんがころんだでは、フープの中にいれば動いてもよい」などです。一般的には4～5歳になるとルールを守って

＊1　**トムとジェリー型の遊び：**『トムとジェリー』とは1940年から続くアメリカのアニメーションで、体が大きくおっちょこちょいのネコ「トム」と、体は小さいけれど賢くてすばしっこいネズミの「ジェリー」が繰り広げるナンセンスアニメ作品です。見ていただければわかりますが、このアニメは、ジェリーが逃げて、トムが追っかける、そのドタバタが中心で、会話はほとんど出てきません。発達がゆっくりな子は『トムとジェリー』のように、あっちでバタン、こっちでギャフンという遊びを好んでします。

遊ぶことが楽しくなりますから、こうしたゆるやかなルールを気になる子に適用することをお勧めします。子ども全員が保育者と一緒に考えて、気になる子とも一緒に遊べる工夫をするとよいでしょう。

「入れて」が言えるようになるためのステップ

①（「入れて」が言えない子どもを横に連れた状態で）保育者が、複数で遊んでいる園児に「入れて」と言い、お手本を見せます。

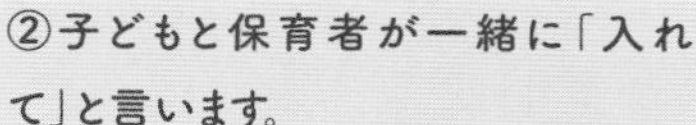
②子どもと保育者が一緒に「入れて」と言います。

③子どもが一人で「入れて」と言います。

OnePoint!

子どもの遊びの発達としては、2歳～3歳くらいまで平行遊びといって、子どもは何となく近くにいながらも基本は一人で遊びます。4歳になると2～3人の複数で遊べるようになり、5歳では集団で遊ぶことができるようになります。気になる子を遊びに誘うときは、保育者と1対1で遊ぶことから始め、1対1での遊びに慣れてきたらそこに他の子どもを入れて複数での遊びに広げていくとうまくいきますよ。

3-11 生活の中での気になる子への理解と対応③ 特定の遊びにこだわる

気になる子の中には、ある特定の遊びだけをずっとし続ける子どもがいます。その遊びを受け止めてずっとさせてあげればいいのでしょうか？それともやめさせるべきでしょうか？

1. 他の遊びに展開できない

◉背景の理解

おもちゃや道具などを使って遊ぶには、想像、見立て、やりとりなどを必要とします。遊びを展開するには、そういったコミュニケーション力や想像力を必要とするのです。気になる子はそれらの力が弱いために、シンプルな遊びや偏った遊びだけをします。

◉対応：保育者と一緒に遊ぶことで遊びを展開し、楽しさを伝える

気になる子は、一人ではなかなか遊びを展開する楽しさを実感できません。まずは、保育者と一緒に1対1で遊ぶことで、これまでの遊び方だけではない遊びの楽しさを感じられるようにしましょう。その場合も、子どもが好きな遊びを軸にそこから広げるようにしていくとスムーズに遊びが広がっていきます。

2. 触覚など感覚の過敏などがある

◉背景の理解

触覚など感覚に過敏や鈍麻がある場合、水や粘土に触れない、冷たい金属には触れないなど苦手なことが生じ、遊びも限定されます。

◉対応：感覚過敏には無理せず、素材や形、色を工夫する

触覚の過敏があり、油粘土に触れない場合には、素材を変える、色を変えてみるなど工夫をしてみましょう。みつろう粘土や紙粘土、土粘土は土の種類によって粗さが違いますからいろいろと試してみるとよいと思います。感覚は不

思議なもので、「おもしろそう」とか「いいな」と思うと、過敏に反応していた感覚が抑制されて、触れても平気になることがあります。

水に触れられない、裸足で園庭に降りられないなども、無理せずサンダルを履く、濡れてもすぐふけるなどの安心感があることで、大丈夫になることがあります。子どもによっていいと悪いは様々ですので、「あーでもない、こーでもない」といろいろと試してみてください。

3. 興味関心の偏りがある

◉背景の理解

気になる子の興味は狭く、深くということがあります。国旗や電車の種類、駅名などわかりやすいものに強く関心を抱きます。その場合、電車だけで何時間も遊べることも生じ、他の遊びへ関心が向きません。

◉対応：気になる子の興味と関心を軸にして、遊びを広げていこう

何時間でも同じ遊びをしている子どもに出会うと、「その子がやりたいのだから」と「その子の自主性」を尊重してそっと見守ることがあります。その子の遊びも大事ですのでそれは尊重する必要がありますが、もし、**他の遊びに展開できずに困っているのであれば、遊びを広げていくことが保育者の役割です。**

電車でずっと遊んでいるのであれば、保育者がお客さんになって、子どもが運転手さんや車掌さんになって、やりとりの遊びに展開していきます。国旗から世界旅行の話や、駅名からはやはり駅員さんとお客さんとのやりとりに発展していきそうです。集中して遊んでいる子どもの想像力と遊びを尊重しつつも、やりとり遊びを意識的にしていくことで、遊びは広がっていきます。

3-12 生活の中での気になる子への理解と対応④ 遊びに集中しない

ひとつの遊びに集中せず、あっちへフラフラ、こっちへフラフラとしている子どもに出会います。遊びを次々に変えてしまう子どもをどのように理解し支援すればよいのでしょうか?

1. 刺激に対して反応しやすく、興味がすぐに移り変わる

◉背景の理解

外から入ってくる音や光の刺激に対して反応しやすいタイプで、すぐに気がそれてしまうことがあります。ゴミ収集車の音や電車の通る音、踏切の音やトラックの音など、園の周辺から聞こえてくる音に反応して遊びが中断してしまいます。

◉対応：静かな環境になるように工夫する

外から入ってくる音が過度にならないように、窓やドアを閉めておくことは大切です。幼児期までの子どもの感覚はそもそも敏感で、あまりにも強い刺激にさらされ続けることで、感覚が健康に育っていきません。子どもの感覚を守り育てるためにも、ある程度守られた空間をつくる工夫をしましょう。

2. 同じ場所に同じ姿勢でいるのがつらい

◉背景の理解

運動感覚の未成熟があり、姿勢の保持が難しい場合、ずっと座っていられないため遊びが移り変わってしまいます。多動傾向の子どもは姿勢の保持が難しいことが多いと考えられています。

◉対応：運動感覚を育てよう

姿勢の保持ができるように、運動感覚を育てましょう。基本は毎日手足を動かして思いきり遊ぶこと。走る、歩く、登る、下りる、飛び跳ねるなどです。保

育の中では少し意識して、「手押し車」や、「いもむしゴロゴロ」、「クマ歩き」などいろいろな姿勢をする遊びを展開してもよいと思います。

いろいろな姿勢をする遊びの例

いもむしゴロゴロ

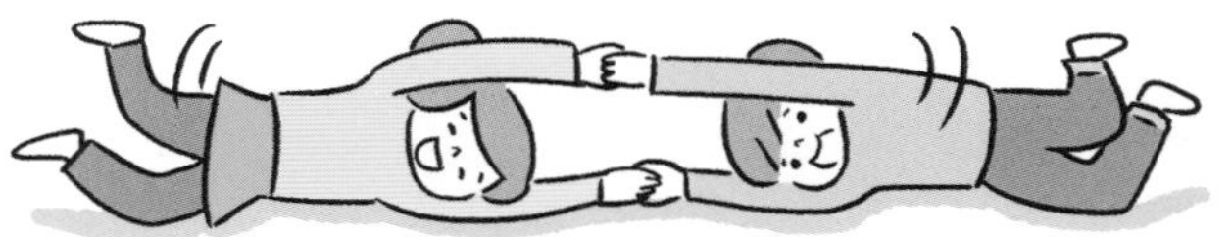

クマ歩き

手押し車

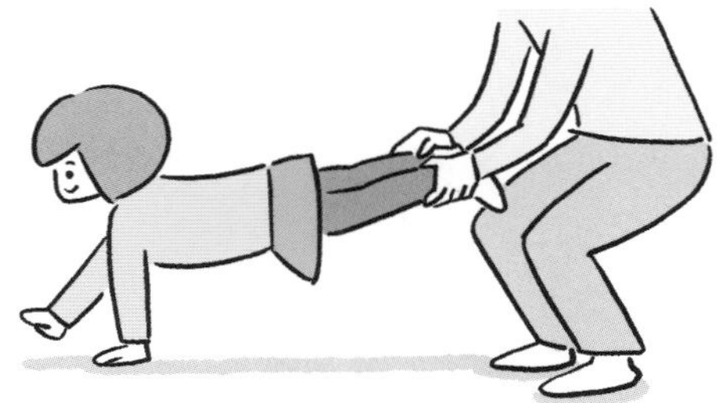

生活の中での気になる子への理解と対応⑤

3-13 次の活動への切り替えが難しい

登園後は園庭、保育室、遊戯室など子どもたちはいろいろな場所で活動します。自由遊び後は保育室へ、発表会の練習は遊戯室、お昼寝はホールでなど様々に移動しながら生活します。そのところどころで切り替えが難しい子がいます。

1. 次の行動がわからない、自分が思ったスケジュールではない

◎背景の理解

気になる子は、大人のようにその日のスケジュールを理解して1日を過ごしていない場合があります。その場合、目の前の遊びや活動に集中しているため切り替えができません。また、1日の活動を「こう」と間違って思い込んでいる場合は、切り替えに時間がかかります。

対応については、1～3項とも同じですので、最後にまとめて解説します。

2. 保育者の指示が伝わっていない

◎背景の理解

保育者は、子どもたちに次の活動の予定を伝えているにもかかわらず、気になる子にはその指示が伝わっていないため、一人だけ次の活動に移れないことがあります。

3. 急な予定変更やイレギュラーな行事への対応が苦手

◎背景の理解

保育中にいつもの活動ではない活動に変更が生じたり、お楽しみ会や誕生日会などのイレギュラーな行事があるとそれを受け入れられずに、切り替えができないことがあります。

対応

◉活動内容は、伝わるように伝える

気になる子は、保育者が話す言葉だけを選択的に聞き理解する力が弱いことが多いです。**全体に対して話したことを個別に伝えることでスムーズに理解できます**。また、言葉の理解が困難な場合は、補助的な手段（絵や写真、実物など）を示すことによって理解を促すことが切り替えにつながります。

◉事前に何度も伝えることで、心の準備をしてもらう

事前の言葉かけの基本は、以下の通りです。

事前に伝える⇒少し前に伝える⇒直前に伝える⇒アディショナルタイムあり。

1）活動が始まる前の集まりで、活動内容の説明とともに、次はいつ何をするのかしっかりと確認しておく。

2）活動が終わる10 ～ 5分ほど前に個別に「あと○分で終わって○○するからね」と伝える。

3）活動が終わる直前に「活動は終わりです。次は○○をします」と伝える。

4）それでも難しいときは、「あと1分で活動は終わりです。次は○○をします」と伝える。

OnePoint!

切り替えの難しさは、次の活動を理解していないためであることが多いのですが、わかっているけれど気持ちの切り替えができないという場合もあります。その際は、子どもの気持ちが乗るスイッチがどこかにありますので、「押してみたり、引いてみたり」してみましょう。たとえば給食前であれば、「今日の給食は食パンだって！　食パンマンがいるかもしれないよ！」というと、食パンマンが大好きな子はスイッチオンになったりします（実話）。担任の保育者は気になる子の気持ちが動くスイッチの場所をよく知っていますね。

生活の中での気になる子への理解と対応⑥

3-14 保育室から出て行ってしまう

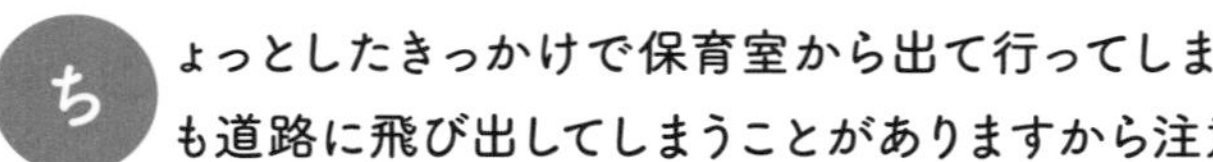

ちょっとしたきっかけで保育室から出て行ってしまう子がいます。散歩中も道路に飛び出してしまうことがありますから注意が必要です。

1. 衝動性が強く、刺激に対する反応が早く大きい

◉背景の理解

衝動性が強い場合は、外部からの音や光に即座に反応してしまいます。動きたいという欲求を抑えることも困難で、考えるより先に行動してしまうため、ときに危険を伴います。

◉対応：刺激の少ない環境を設定し、刺激の少ない席に座ってもらう

保育室から外の景色がよく見える環境では、気になる子にとって落ち着いて過ごすことは難しいでしょう。窓にはカーテン、ロッカーには布をかけ、見なくてもいいものは見えない状態にしておきましょう。また、座る席も部屋全体を見渡せるような場所ではなく、視界には極力少ない情報しか入らない場所が望ましいです。場合によっては衝立で囲って周囲が見えないように配慮することも必要です。

2. 活動に興味がない、活動が理解できない

◉背景の理解

活動内容が気になる子にとって難しい場合、理解できないために興味を持てず、保育室から出て行ってしまうことがあります。

◉対応：気になる子の興味を示す内容を取り入れる

活動の内容が気になる子にとっては難しい課題である場合は、なかなか活動に関心を示してくれず、部屋を飛び出すなどの不適切な行動を誘発してしま

います。気になる子にも理解できて、興味を示すことができるような課題を取り入れて参加を促してみましょう。まずは、ほんの少しからで構いません。保育室を出て行ってしまう回数を減らしていきましょう。

3. 運動感覚・平衡感覚の未成熟さがある

◎背景の理解

運動感覚や平衡感覚の未成熟さがある場合は、それらの感覚刺激を補完するために、動きが多くなり、抑制のきかない行動が見られるようになります。

◎対応：運動感覚・平衡感覚を育てる

保育室から出て行ってしまうことが、運動感覚や平衡感覚の未成熟からくる場合は、それらの感覚を育てていく支援が求められます。運動感覚や平衡感覚を育てていくためには、以下のことが有効です。

運動感覚を育てるには

- **家庭では**…調理、床ふき、洗濯物運び、ぞうきん絞り、窓ふき、などのお手伝い
- **園では**…けん玉、コマまわし、木登り、竹馬、竹ぽっくり、鉄棒、散歩、山歩き、など手足を使った遊び

平衡感覚を育てるには

- 揺れ遊び、回転遊びをたくさん取り入れる。
  ブランコ、トランポリン、二輪車、一輪車、木登り、竹馬、竹ぽっくりなど

運動感覚や平衡感覚を育てることは、「育てる支援」（第1章6節参照）ですので、長期的な視点に立った支援を必要とします。

OnePoint!

保育室を出て行ってしまうような場面をよく観察し、なぜそのような行動を示すのかその背景を分析しましょう。

運動感覚や平衡感覚については、第4章6節「子どもの体に関係する4つの感覚」を参照してください。

3-15 生活の中での気になる子への理解と対応⑦
落ち着いて食べられない

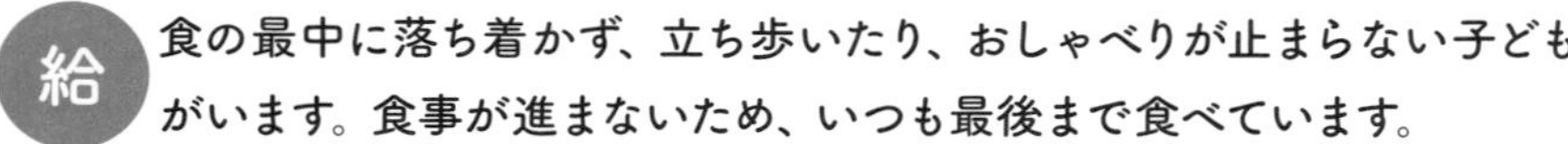

給食の最中に落ち着かず、立ち歩いたり、おしゃべりが止まらない子どもがいます。食事が進まないため、いつも最後まで食べています。

1. 周囲の音やにおいが気になる

◉背景の理解

給食は毎日違う献立であるため、においも音も毎日違っています。音やにおいに敏感な子どもにとっては、今日はどんな給食なのかとても気になるようです。音やにおいが気になってしまい落ち着いて座っていられないことがあります。

◉対応：安心できる環境をつくる

音やにおい、視覚的な刺激に対して敏感な子どもは、給食に際して不安であることが多いので、支援のためのキーワードは「安心」です。感覚とは不思議なもので、不安が強くなると不快に感じ、安心すると気にならなくなります。保育者が近くに座る、不安で辺りを見回す行動をしたらすぐに「どうしたの？」とかかわる、ネガティブな心的状態を感じた際にその状態を回復することができるなど、安心できる環境をつくることが大切です。

2. おなかがすいていないため立ち歩く

◉背景の理解

家に帰れば食べたいだけ好きなものが食べられる環境で暮らしているため、特におなかがすいていないことがあります。また、遅寝遅起きであるため生活リズムが整っておらず、少し早めに給食の時間を迎える園ではまだおなかがすく時間ではないことがあります。その場合、食べたいものがないのでゆっくり落ち着いた気持ちで食べるということではなく、集中できず、嫌々食べているような表情になります。

◉対応：家庭と連絡し協力する

園で嫌いなものを食べなくても、家に帰れば好きなものだけおなかいっぱい食べられる状態では、園での給食は進みません。食については家族の「文化」が反映しますので、急に変わることは困難な場合が多いですが、**①おやつは時間を決める、②苦手なものも一口食べる、③たくさんほめることを家庭と共有できる**とよいと思います。

3. 好き嫌いが多く、好きな食べ物がない

◉背景の理解

好き嫌いが多い子どもも、上記1同様に給食は不安を抱く時間のようです。子どもは給食が配膳された際、「今日は食べられるものがあるかな？」と全体をまず見回します。それで、「だめだ」と思うと給食への興味がなくなり、立ち歩くなど落ち着かない行動になります。

◉対応：無理せず、でもあきらめない

子どもの好き嫌いはある意味では、本能的なものでもあるので、無理やり食べさせても逆効果です。子育ては全般にそうですが、無理せず、でもあきらめないことが大切です。味覚過敏やアレルギーがなければ苦手な食べ物でも一口は食べるようにしましょう。一口でも食べられればたくさんほめることが大切です。味覚は学習ですから、苦手な食べ物を食べられた⇒ほめられてうれしい⇒次も食べよう、となるよう少しずつ進めましょう。

一口でも食べられれば、たくさんほめることが大切です。

3-16 行事の際に気になる子への理解と対応①
運動会の練習を嫌がる

運動会の練習を嫌がり、練習に参加しようとしない子がいます。保護者も見に来ますし、保育者としてはできれば一緒にやらせてあげたいと思っています。

1. 初めての活動で不安

◉背景の理解

子どもにとって運動会などの行事は、生まれて初めての経験ですから、不安な気持ちが生じるのは当然と考えましょう。

対応については、1～2項とも同じですので、最後にまとめて解説します。

2. まずは遠くから見ていたい

◉背景の理解

気になる子の場合、不安な気持ちになると一緒に行動するより、遠くで見ていたいと思うこともあります。ジャングルジムや登り棒などの高いところから俯瞰的に眺めたいという子どももいますが、それにより安心するようです。

対応

◉まずは保護者と話し合い協力する

「やりたくない」「〇〇だから嫌」といろいろな理由を話すかもしれませんが、それはすべて不安な気持ちのあらわれと受け止めましょう。子どもは本当は「みんなと一緒にやりたい」と思っていますが、やり方がわからないから不安なのです。ですから不安な気持ちを受け止めて不安を除去できるかかわりをしましょう。

◉本人なりの練習への参加の仕方を模索する

練習動画を家や園で事前に見せる、個別に練習する、小集団で練習する、全体練習を遠くから見るなど、様々な練習の仕方があります。全体には入らず遠くにいる場合も、不安なのでいきなりみんなと一緒にはやりたくないと言うかもしれませんが、遠くからしっかり見ています。「一度も練習に参加しなかったのに、本番は見事に一緒にやった」という子どももいます。本人なりの練習への参加を模索しましょう。

◉「やりたくない」と言う場合も「場を共有する」

子どもは、不安が高じると「やりたくない」と言うこともありますが、その場合でも、園庭にいる、ホールの片隅にいるなど場を共有しましょう。**子どもは見て、聞いて、内的に経験します。「やりたくない」と言ったからと他の部屋に行き、全く別の活動をすることはお勧めしません。それは本人の自主性を尊重するということにはなりませんので、気をつけましょう。**

場を共有することが大切です。補助の保育者もついてあげましょう。

行事の際に気になる子への理解と対応②

3-17 発表会やクリスマス会でうたえない・踊れない

発表会などでステージに並んでうたえず、うろうろと立ち歩いてしまう子どもがいます。

1. 並ぶ場所がわからない

◉背景の理解

発表会では、ステージに入場して並び、またうたによって並ぶ場所が変わったりします。そうした複雑な並び方を理解できず立ち歩いてしまいます。

◉対応：立ち位置をわかりやすく示し、個別に教える

ステージでの立ち位置は、「〇〇ちゃんのとなり」というように教えることが多いのですが、それでは気になる子にはわかりにくいことが多いもの。立ち位置にシールを貼るなどして、わかりやすく教えましょう。練習時は保育者がついて、シールをしっかりと教えることでスムーズに立っていられるようになります。

2. うたや踊り、楽器の演奏の仕方がわからない

◉背景の理解

園によっては、気になる子には難しいうたや踊り、楽器の演奏が求められる場合があります。その場合、気になる子はできないことが多く、他児にちょっかいをかけたり、立ち歩いたりという「問題行動」が見られてしまいます。

◉対応：動画などを活用し、個別に練習する

うたや踊り、演奏の仕方は、気になる子にとって困難なことが多いので、動画を活用しましょう。家庭にも協力してもらい、家でも動画を見て練習してもらえるとよりスムーズになります。また、楽器は、本人にとって難しすぎず、やる気が起こるものにしましょう。鈴やタンバリン、カスタネットなどが演奏しやすいかもしれません。練習時にいろいろ試してみて本人が「やりたいし、できる」ものがいいですね。

「気になる子」が発表会などに参加しやすくなるために

立ち位置に印をつけます

動画を見て練習しましょう

子どもは好きな楽器を自分で選びます

OnePoint!

行事はどうしても保護者に見てもらうので、一生懸命になりすぎる傾向にありますね。本来「うたうこと」は子どもにとって楽しいものですし、喜びでもあります。ダンスも演奏もそうです。頑張ってできるようになる喜びもありますが、本来の「表現の意味」を一度振り返って考えてみることを、保育者のみなさんにはお勧めします。

3-18 保護者との関係づくり

保育者は保護者と毎日かかわりますが、日々の保育の忙しさから、気になる子については、「何かあったとき」だけ伝えてしまいがちです。また、保護者は「すぐに正しい答え」が欲しいから相談するとは限りません。

保護者が相談しようと思うとき

保育者は保護者から、相談を受ける機会が多いと思います。そして、保護者からの相談に対して「子どもの専門家なんだから、すぐに正しい答えを伝えなきゃ」と思ってしまう保育者が多いのも事実。しかし、**保護者は様々な形で保育者に「相談」しますが、実は必ずしも保育者から正しい答えが欲しいとは思っていません。**

相談することの意味は、以下の4つだといわれています。

①大切にされる場

相談するときは、保護者にとって精神的に最もつらく厳しいときであることが多いものです。そんなときに、「忙しい」保育者が、自分の「取るに足りない」相談に、手を止めて、足を止めて真摯に耳を傾けてくれるだけで、保護者は自分が大切にされたと感じられます。それだけで保護者の心の安定につながります。

②感情や気持ちの発散

自分が抱えている感情や問題を誰かに話し、それを受け止めて共感してもらうことによって、情緒の安定へとつながっていきます。相談することで気持ちを発散し、「自己の内面の浄化」が起こることをカタルシス効果といいます。

③自分の考えや思いの整理

保護者は自分の思いを保育者に話すことで、相手からの助言がなかったとしても、保育者にじっくりと話を聴いてもらえることにより、自身の考えや思いを明確にすることができます。また新しいアイディアや解決策を思いつくことがあります。

④情報・助言を得る

保育者に相談することによって、新しい情報や知識、意見などを得て、それによって今までとは異なった見方、考え方のヒントを得ることができます。

上記のことから、相談をする保護者は、悩みや思いを相談し、それをしっかりと受け止めてもらい、共感的に聴いてもらうだけで、自ら思いを整理したり、解決策を見つけたりすることができるということがわかります。アドバイスを求める場合もありますが、慌ててアドバイスする必要はなく、ほとんどの場合しっかりと受け止めるということが大切です。

保護者から信頼される保育者になろう

◉日頃からのコミュニケーションの大切さ

保育者は日々「忙しく」仕事をしていますから、保護者とのかかわりは、「何か特別なことがあったとき」になってしまいがちです。しかし、「○○くんが噛みついた」「叩かれた」など特に悪いことが起こったときだけ保育者からの話があれば、保護者は保育者からの話に対して身構えてしまいます。そうではなく、子どもの心の状態がよいときも、悪いときも、普通のときも、愛情を持って子どもとかかわり、その際の子どもとの出来事を親しみを込めて保護者に伝え、共有することが大切です。**相談したいと思う以前の、日常的なかかわりこそが大切なのです。**

◉保護者の葛藤に寄り添う

毎日の子育ては、波風が立たず穏やかに過ごすことができる日ばかりではありません。あるときは子どもの発達に不安を抱き、またあるときは子どもの行動にいら立ちを覚えます。子どもの行動に何らかの問題が生じたとき、保育者から「専門的」で「正しい」と思われるかかわり方を一方的に教示されるだけでは、保護者の気持ちが折れてしまいかねません。同時に保護者による子どもの受容を阻害してしまうことさえあります。

100%の自信を持って子育てをしている保護者はおらず、常に何らかの不安や後悔、葛藤や動揺を抱えているのが普通です。そうした心の揺れに寄り添いつつ、共感的理解を伴った具体的なかかわりを保護者とともに考えていきましょう。

3-19 専門機関との関係について

気になる子どもや保護者を理解し支援する際には、専門機関との連携が必要です。保育者が一人で抱え込むのではなく、専門機関を上手に利用しましょう。

大切な乳幼児健診

子育てをしていて発達が「気になるな」と思うのは、他の子どもと比べて「歩くのが遅い」とか「話し始めるのが遅い」ということではないでしょうか。歩行と言語は多くの子どもが1歳前後で開始されますから、わかりやすく、また目立つので心配になることも多いと思われます。

子どもの発達に気になるところがある場合、一番身近な専門機関である、保健センターに相談しましょう。特に乳幼児健診は大いに利用することをお勧めします。

ときどき思い違いをしていらっしゃる保護者に出会いますが、乳幼児健診は「障がいのある子どもをひっかける」場では決してありません。したがって乳幼児健診で何も指摘を受けなかったからといって、「発達に心配が全くない」というお墨付きをもらったわけではありません。

乳幼児健診は、他では出会うことのない専門家と出会える場所です。医師（歯科医師）や保健師、保育士や心理士まで、子育てや発達に不安や心配があるときにさりげなく相談することができます。そんないい機会を逃すのはもったいないですので、保護者の方は乳幼児健診の機会にいろいろと相談してみましょう。

保育者にとっては、1歳半健診や3歳児健診は専門機関につなげる大切な機会だととらえることが必要です。特に3歳の誕生日を迎えても、①発語がない、あっても単語が数語のみ、②指差しや共同注意がない、③絵本を読んでもらいたがらない、などに当てはまった際には、3歳児健診で相談してみることを勧めてください（第3章3節も参照）。

3歳児健診の機会を逃すと、一般的な健診は就学時健診までありませんから、保育園で乳児クラスから入園している場合は3歳児健診をひとつのきっかけにするようにしましょう。

専門機関を利用しよう

専門機関を利用したほうがいいのは、どのようなときでしょうか?

私が最もお勧めするのは、保護者が「誰かに相談したい」「検査をしてほしい」と感じたときです。ときに保護者は不安から、保育者に対して「先生、うちの子、障がいがありますか?」「病院で受診したほうがいいでしょうか?」という質問を投げかけます。しかし、保育者がその質問に直接答えるのは、注意が必要です。

保育者が「はい、病院に受診したほうがいいと思います」と答えると、場合によっては、「子どもの障がい(の可能性)を告知した」「子どもを障がい児扱いした」と保護者から怒りをぶつけられてしまうことになりかねません。保育者は保護者の相談に真摯に応じただけであるにもかかわらず、です。

受診や相談は、「保護者がしたいと思ったとき」が、まさにそのときなのです。

専門機関として最も身近なのは保健センター(保健所)です。その他は、地域によっていろいろですが、療育センターや児童発達支援センター、それから最近は放課後等デイサービスや児童発達支援事業所などもできてきましたので、大いに利用しましょう。

これらの福祉サービスを利用するためには、医療機関での診断など利用の根拠となる資料が必要です。それも含めて地域にある医療機関を調べておきましょう。医療機関としては児童精神科のクリニックが最もお勧めですが、児童精神科のある専門の病院でもいいと思います。ただ、かかりつけ医などからの紹介状が必要であるのと、予約が取れるまでかなり待たされるという問題があります。

子どもが専門機関を利用しているときは、そこで勤務する医師や心理士、保健師などと、園は情報交換をしましょう。せっかく治療や療育を受けているのですから、どのような診断であるのか、検査の結果はどうなのか、どのような療育を受けているのか、などを保護者から聞き取ることは大切です。できれば、専門機関からの報告書をコピーさせてもらって、今後の保育に活かすようにしましょう。

巡回相談（保育カウンセラー）を利用しよう

園には障がいの診断がある子どもや、気になる行動が見られるけれども専門機関につながっていない子どもなど、様々に配慮が必要な子どもや保護者がいます。**その数はおおよそ在園児の10 ～ 20%ではないかと、私は保育カウンセラーとして実感しています。**

保育園や幼稚園、こども園はそれぞれ巡回相談（名称は様々ですが）を利用していることと思います。市町などの自治体から臨床心理士などが派遣されて、対象とされる子どもの発達を観察し、保育者に助言を行う自治体独自の支援があります。ほかには保育所等訪問支援といって、指定を受けた事業者が依頼を受けて園に訪問し支援を行っている場合もあります。自治体によっては、保育カウンセラー制度のあるところも少数ですがあります。

小学校以上には、文部科学省が中心になりスクールカウンセラーの制度が定着しており、スクールカウンセラーが学校に在籍しているという学校も増えてきています。しかし保育現場における発達支援は急務であるにもかかわらず、保育現場にはいまだ保育カウンセラーが定着していないというのが現実です。

そこで、現状にある制度の巡回相談や保育所等訪問支援をしっかりと活用することをお勧めします。臨床心理学的な視点から子どもの発達についてアセスメントし、より適切なかかわりを保育者とともに考えるということは、保育現場にとっても有効であると思われます。

「巡回相談では、回数も時間も少なく子どものことをしっかりと見てもらえない」というときは、保育カウンセラーを利用しましょう。まだまだ数は少ないですが、各県の臨床心理士会に問い合わせをしてもよいでしょうし、個人で保育カウンセリングを行っているカウンセラーも存在します。

保育カウンセラーのメリットは、以下の3点です。

①子どもや保護者と長期的な視点でかかわってもらうことができる。

②園の特徴や大切にしていることを理解してもらいながら子どもや保護者支援ができる。

③保育者の努力と試行錯誤を心理的にサポートしてもらうことができる。

様々な専門機関や専門家を上手に利用することをお勧めします。

第4章 これだけは知っておきたいシュタイナーの治療教育

4-1 シュタイナー教育と治療教育

第4章からはシュタイナー教育と治療教育について考えてみましょう。シュタイナーの治療教育の視点から子どもを理解するとき、子どもの「輝くような個性」に目を向けることができると思います。

シュタイナー教育とは

シュタイナー教育は、オーストリア生まれの哲学者であり思想家のルドルフ・シュタイナー（Rudolf Steiner 1861-1925）によって創始されました。シュタイナー教育は、シュタイナーの人智学[＊1]的人間観に基づいており、最初の学校は1919年ドイツのシュトゥットガルトに設立されました。今日では全世界で1100を超える学校があり、幼児教育施設は1800園を超えるといわれています。

日本シュタイナー学校協会ホームページによると、日本国内に7校の全日制シュタイナー学校があります。

シュタイナー教育の大きな特徴は、「教育の根底に深い人間理解がある」ということだと考えられます。つまり、人間とはそもそもどのような存在なのか、どのようにして生まれ、学び、生活し、そしていかに生を全うしていくのか、ということが教育の根底にあるのです。

人智学的人間観によると、人間はこの世界に単独で存在するのではなく、人間を環境との相互作用の中でとらえています。つまり人間の足元には地面があり、周りには空気がある。そして頭上には広大な宇宙があります。地面には、石や岩など鉱物があり、植物が生え、海には海水があり、地上にも海中にも多様な生物が存在しています。その相互作用の中に人間の営みがあるのです。

＊1　**人智学：**人智学とは、Anthroposophy（アントロポゾフィー）とも言い、ギリシャ語で「人間の叡智」という意味である。ルドルフ・シュタイナーの思想や教育理念などを示す。人智学の目指すところは、「人間が自分の認識能力を発展させることによって世界と人間との中にある霊的なものの本質を深く見つめることができるようになること」にある。

人間理解に基づいた教育

本章次節以降においてシュタイナー教育で示される人間観やその特徴について詳細に述べますが、ここでは人間理解に基づいた教育について端的に示します。

シュタイナー教育において最も重要であり、特徴的なのは、その人間観であると考えられます。人間存在をどのようにとらえるのか、そしてそれは成長とともにいかに変容していくのか。その人間観に基づいて教育の実践を行うのがシュタイナー教育であるといってよいでしょう。

人間の本質を、肉体、エーテル体（生命体）、アストラル体（感情体）、自我という4つの要素に分け、4元論としてとらえる場合と、体、心（魂）、精神（霊）という3つの要素に分け、3元論でとらえる場合とがあります。

シュタイナーの治療教育とは

「治療教育」という用語は、もともとドイツ語圏で使われていた用語で、1860年代にHeilpädagogikという語が用いられていました。しかし当初はその語の概念は研究者によって見解の違いがあり、必ずしも統一されたものではありませんでした。

ドイツ語でHeilungは、「罪を洗い落とす」とか、「悩みを癒す」などの意味があります。そのHeilungに「教育」という意味の、“Pädagogik”という語が結合し、「Heilpädagogik 治療教育」という語が使われるようになったのです。

Heilpädagogik＝治療教育
Heilung（独）＝「罪を洗い落とす」「悩みを癒す」「魂を清める」「心を浄化する」「心を込めて仕える」などの意味

シュタイナーは人智学を説きましたが、その教育思想の根底には、前述した人智学的人間理解に加えて「精神の進化とその地上回帰」という思想があります。精神は永遠性を持ち、地上での生活を送るときには、心や体と結びつくとされています。精神と体との結びつきがうまくいかないときに、何らかの「障がい」が生ずると理解することができるのです。その「障がい」を治療するためには、障がいを持つ子どもの中に眠っている「固有の本性」を呼び覚まし、これに働きかけることで子どもの自己治癒力を活性化させるのです。

つまりシュタイナーの治療教育とは、「人間本性の実現を目指し、まず第一に体に働きかけることで、子どもの自己治癒力を活性化すること」であるととらえられます。 これがシュタイナーの治療教育の根幹なのです。したがって、シュタイナーの治療教育における「治療」は、身体医学で言い表されるような単なる疾病や傷害（ケガ）・障がいの除去や軽減を意味するわけではありません。

● シュタイナーの治療教育とは

人間本性の実現を目指し、体に働きかけることで、子どもの自己治癒力を活性化すること。

4-2 シュタイナーの治療教育では障がいをどうとらえているか①
人間形成論的とらえ方

シュタイナーの治療教育を考えるとき、以下の2つの視点から「人間本性」についてとらえることが重要です。2つの視点とは、①人間形成論的視点と、②転生論的視点です。第2節および第3節では、この2つの視点をまずは理解しましょう。

シュタイナーの人間形成論

シュタイナーの説いた理論は、壮大な体系を成しています。認識論（学問的方法論）に始まり、人間形成論、教育論や医学論、宇宙形成論に至るまで様々であり、さらにそれらが相互に関連し合った有機的な理論体系であるということができます。ここでは障がいを持つ子どもを理解するという観点から、**人間形成論**を取り上げ、人間本性とは何かを考えてみたいと思います。

第1章2節で取り上げた「トーマスは障がい児か」という話を思い出してみましょう。私のスイス留学時代に担当したトーマス。ゼミの先生からの「トーマスは障がい児といえるのだろうか？」という問いに対して、議論をしたのですが、最後にゼミの先生が言った言葉から始めてみます。

「どんな障がいを持った子どもも、その子どもの精神存在、その子どもの個性は全く健全であり続けているんだよ。子どもたちの本質、個性を私たちが愛情を持って、尊敬を持って見ることが、障がいを持つ子どもたちとかかわるときの基礎になるんだよ。トーマスは、身体的にも知的にも重い障がいを持っているように見えるかもしれないけどね、子どもたちはみんなその本質において、全く健全な存在なんだ」

考えてみれば、私たちはその「専門性」から、障がいのある子どもを前にするとつい、「○○障がい」とか「困難な特徴」によってその子どもを理解する傾向にあります。しかし「**子どもはみんなその本質において、全く健全な存在**」であるのです。

人智学的観点から、このことをまずは考えてみたいと思います。

人間の構成要素

人間とは何によって形成されているのでしょうか、というのがここでの問いです。この問いに対してのシュタイナーの答えはいたってシンプルです。それは、「体」と「心」と「精神」であると言います。「体」「心」「精神」という言葉は、それぞれドイツ語の〝Leib（体）〟〝Seele（心・魂）〟〝Geist（精神・霊）〟の翻訳です。本書では、〝Leib〟を体〝Seele〟を心、〝Geist〟を精神と訳しています。

「体」とは、目に見える肉体のことを表します。手、足、頭や髪の毛、骨、血液など外側から見て、もしくは切り開いたときに目に見えるもののことをいいます。人間の第1の構成要素は、体です。

人間の第2の構成要素は「心」です。心は目に見えませんが、うれしい、悲しい、楽しい、悔しいなど様々な心の営みを感じることができます。心は主観的な営みであり、他人の心を正確に理解することは難しいものです。一方で「心と体のバランスを整える」などといわれるように、人間には心という構成要素が存在し、さらに心と体は結びついていると理解できます。

次に人間の第3の構成要素である「精神」について考えてみましょう。日本語の意味からすると、先にとらえた心と混同しそうですが、ここでは以下のように精神を定義してとらえます。

シュタイナーによると精神とは、主観的なものを客観化する主体であるといいます。また、「運命を導く主体」であるともいわれます。精神は、永遠性を持ち、地上生活を送る際に、体、心と結びつきます。わかりやすくいうならば、「自我」であるといえます。心や体に指令を出す位置に自我はあります。自我は体や心から離れ、冷静に自身をとらえることができ、さらに自分自身で考え、決断し、実行していく力を持ちます。これがシュタイナーの言う人間の第3の構成要素の精神であるのです。

人間形成論からとらえる障がいとは

さて、このような人間観に基づいて障がいを持つ子どもについて考えをめぐらせてみるとどう理解できるでしょうか。

人間の本質を、体、心、精神という3つの構成要素に分けて考えてみると、障がいを持っているのは体の部分だけであり、精神そのものは健康であるということができます。ところが、心と体は密接に結びついているので、体に何かが起これば、心にも影響をもたらします。日常生活では花粉症であるとか歯が痛いというだけで、1日中憂鬱になりますし、肩がひどく凝るとか頭痛がひどいときは、仕事も手につかないほど心が乱れます。その逆もまた生じます。心に何らかの支障が生じれば体にも影響を及ぼします。心身症とはそのような症状のことをいい、大きなストレスがかかると、胃潰瘍になるとかおなかが痛くて過敏性腸症候群になるとかそういうことが生じます。

つまり、シュタイナーの人間形成論からとらえると、障がいとは図のように理解できます。

1
2
3
4
5

人間形成論的観点からとらえる障がい

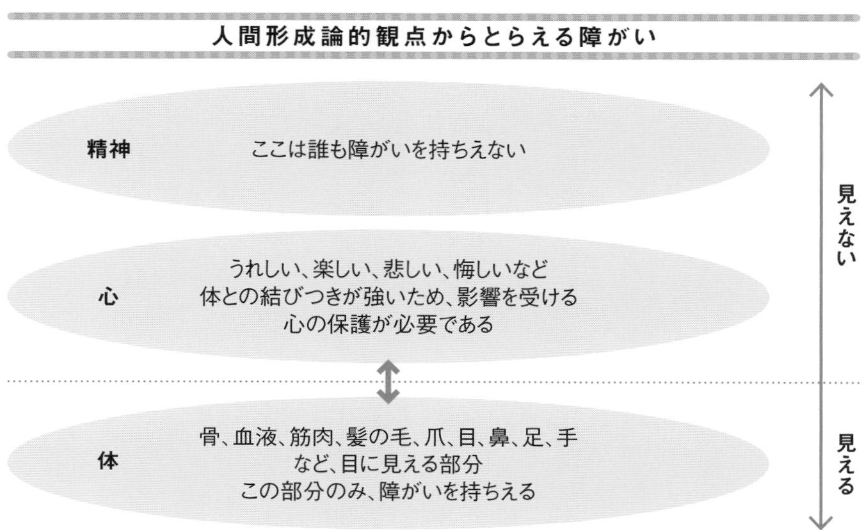

Column 心と精神の話

心と精神について、もう少しわかりやすくするために、ルドルフ・シュタイナー著『神秘学概論』で示される「時計屋さんの話」をベースに、こんな「心と精神の話」を作ってみました。

むかしあるところに、「時計を作りたい！」と思い、その試作に取り組んでいる人がいました。けれども志半ばにして、この人は亡くなってしまいました。周囲の人はこの人の死を悼んで、彼の書いたものや、試作を彼と一緒に、焼いてしまいました。

こうして彼が考えていた「時計」は世に存在することはなかったのですが、もし仮に、彼が志を全うし、時計を作り上げることができたならばどうでしょうか？時計は生産され、世界中の多くの家に時計が置かれることでしょう。「時計を作りたい」という思いが、客観的事実として存在するに至ったわけです。

このときの、「時計を作りたい」という思いは、「心」です。確かに存在するはずですが、それは移ろいやすく、この人が亡くなってしまえば時計は存在しませんし、しばらく後にはこの人が「時計を作りたい」と思っていたことさえ忘れ去られてしまうでしょう。

けれども、この人が時計作りを全うしたとき、時計は生産され、世の中に客観的事実として存在するに至ります。この客観的事実に導く主体を「精神」と呼びます。

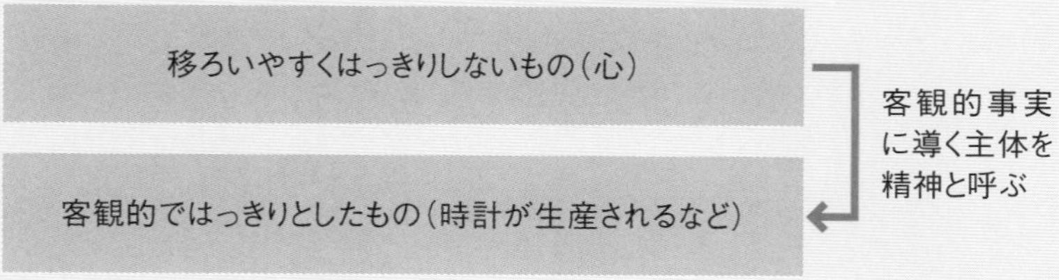

移ろいやすくはっきりしないもの（心）

客観的ではっきりとしたもの（時計が生産されるなど）

客観的事実に導く主体を精神と呼ぶ

4-3

シュタイナーの治療教育では障がいをどうとらえているか②
転生論的とらえ方

ここでは、転生論的視点からシュタイナー教育について考察し、転生論と障がいの関係を考えてみたいと思います。

シュタイナー教育の出発点に存在する転生論

シュタイナー学校の教師や治療教育者になろうとするとき、まず学ぶ必要のある書物に、ルドルフ・シュタイナー著『一般人間学』があります。これは、ルドルフ・シュタイナーがシュタイナー学校を創始する際に教員となるものに向けて説いた、いわば教員養成のための最重要ともいえる書のひとつです。そこで、シュタイナーは以下のように述べています。

「（私たちは）地上での人間進化のもう一方の末端である誕生ということに、これからますます意識的になろうとしなければならないでしょう。この世を去り、そして新しく生まれてくるまでの長い期間にも、進化し続けるという事実を、私たちは意識的に受け入れる必要があるのです。そして人間がこの死と再生との間の進化の過程で、霊界に生きることがもはや出来なくなり、再び新しい存在形式に移らなければならなくなった時点に到達したということが誕生なのだ、と理解しなければならないのです」
（ルドルフ・シュタイナー著、高橋巖訳『教育の基礎としての一般人間学』第1講／創林社）

障がいのあるなしにかかわらず、シュタイナー教育の出発点は、転生論的考えが基礎になっているのです。一般に子どもの発達を語る際、発達心理学においては生後間もなくから成人するまでの発達が中心でした。その後エリクソンのライフサイクル論に代表されるように、人は地上での生を全うするまで発達を続けるのだという、老年期までの発達が語られるようになりました。一方でシュタイナー教育においては、この地上に生を受けてから死に至るまでにとどまらず、地上での生を受ける前から生まれるまで、そして地上での発達に加えて、死後の「生」から次の「生」を視野に入れた、ライフサイクルなのです。そしてそれを後述する人間を構成する4つの要素との関連において説明するのです。

シュタイナーによるライフサイクルの変遷

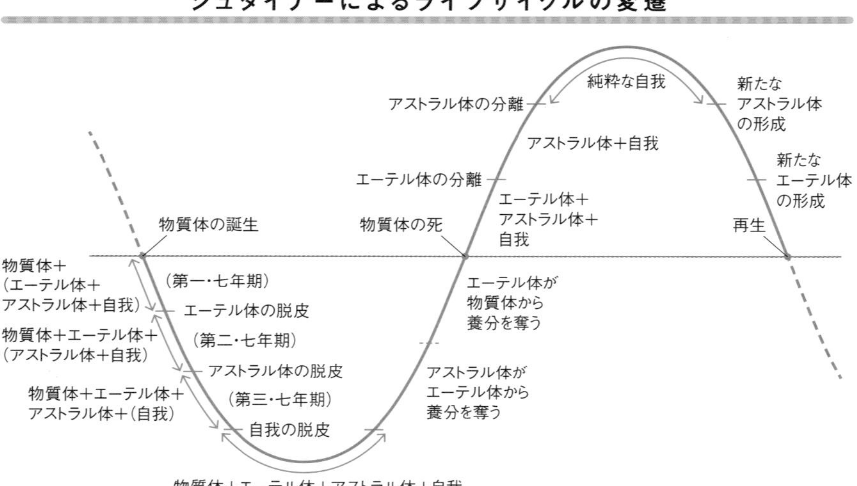

出典:西平直著『魂のライフサイクル―ユング・ウィルバー・シュタイナー』（東京大学出版会／1997年）

シュタイナーの転生論からとらえる障がい

人が生まれるということは、そのときの地上における「生」だけではなく、「精神」が、「次の生」に向けて「進化」を遂げつつ、機が熟した際に次の時代に生を受け、再び地上での「生」の営みを開始する、というように理解することができるのです。

したがって、「現在の生」は、「過去の生」の影響を強く受け、「過去の生」の課題を持って「現在の生」を生きているのだといえます。

また、シュタイナーによると、転生論から理解する障がいとは、過去の地上生活において、肉体とエーテル体の経験を十分にすることなく現在の地上に「受肉」してきたために生じている課題であるといいます。こうした理解のもと、障がいを持つ人に対する親や支援者の課題は、「過去からの影響を受けて地上生活をすることになった体に対して、いかに好ましい変化を与えていくか」であるといえます。

ですから、第４章１節で述べたように、シュタイナーの治療教育では、様々な課題を持って地上生活を営むにいたった障がいのある子どもに対して、その人間本性の実現を目指して、まず体に働きかけることが重要なのです。

さらに、障がいを持つ子どもと向き合う際、以下のような問いを持つことが親や支援者には大切です。

「あなたのこの人生での課題は何ですか？」
「あなたはこの人生でいったい何を経験しようとしているのですか？」
「あなたは私に何を教えようとしているのですか？」

皆さんが日々目の当たりにしている子どもたちに対して、このような問いを私たち一人ひとりが持つことによって、これまでとは違った出会いをし、彼らを問題や困難を抱えた人としてではなく、「何らかのメッセージを私たちに伝えようとしている」ととらえることができます。

この節のまとめ（転生論と障がいの関係）

①障がいは、「過去の生」の影響を大きく受ける。
②障がいを持つとは、過去の地上生活において、肉体とエーテル体の経験を十分にすることなく現在の地上に「受肉」してきたために生じている課題である。
③常に新しい肉体に宿る精神、つまり過去からの古き運命の影響を受けている肉体に対して、いかに「好ましい変化」を与えていくかが、障がいを持つ子どもとその周辺にいるものの課題である。
④その援助をするのが保育者や教育関係者であるといえる。

4-4 人間を構成する4つの構成体

人智学では「体、心、精神」の3元論として人間を理解することの他に、「肉体、エーテル体、アストラル体、自我」の4元論として理解します。ここでは、人間の発達に関係する人間を構成する4つの構成体について話を進めます。

第1の構成要素「肉体（物質体）」＝目に見える体のこと

一般的に誕生日といえば、母親の胎内から目に見える形でこの世に生まれ出た日のことをいいます。ただ、よく考えてみるとこの誕生日以前にも確かに母親のおなかの中に赤ちゃんは存在しています。すでに約10か月間、母親の胎内に存在し生きていたのです。

シュタイナーは、『霊学の観点からの子どもの教育』（松浦賢 訳、イザラ書房／1999年）で、次のように述べています。

（前略）人間の本質のうち、「鉱物界と同じ物質を、鉱物界と同じ法則に従って、混合させたり、結びつけたり、形成したり、分解したりする部分」だけを物質体と呼びます。（『霊学の観点からの子どもの教育』P.45）

つまり、肉体とは目に見える体のことをいいます。

第2の構成要素＝「エーテル体（生命体）」＝成長をつかさどる力

シュタイナーは第2の構成要素として、「エーテル体」をあげています。

花や草木を見ると引力の法則にさからって、下から上へ伸びていく力があることに気づきます。私たち人間も、引力があるのに上へ昇ることができますし、寝ている状態から起き上がることができます。**引力にさからう力、そして成長や繁殖をつかさどる力、これをシュタイナーは「エーテル体」と名づけました。**

人間はこのエーテル体を、植物および動物と共有しています。物質体の素材と力は、エーテル体の作用によって、生長や生殖、あるいは体液の内的な活動といった現象に作り上げられます。ですからエーテル体は物質体の設計者であり、彫刻家です。エーテル体は物質体の居住者であると同時に、建築家でもあります。(『霊学の観点からの子どもの教育』P.49 〜 50)

シュタイナーによると、「エーテル体」は成長や繁殖をつかさどる力であると定義されます。エーテル体は肉体の設計者であり、彫刻家であるというのです。確かに子どもについて考えてみると、目に見える肉体だけではなく、変化し成長していくエネルギーを秘めていることがわかります。「瞳の輝き」や「肌のきめの細かさ」や「髪の毛の1本1本」にエーテル体によるエネルギーは宿っているように感じられます。一方でエーテル体が生き生きとしていない子どもに出会うことがあります。

第3の構成要素「アストラル体」=感情の担い手

目に見え、鉱物界に属する「肉体」が人間の第1の構成要素です。また成長と繁殖をつかさどる第2の構成要素は「エーテル体」と名づけられました。ここでは第3の構成要素「アストラル体」について考えてみましょう。

人間の第3の構成要素は、アストラル体です。**アストラル体は、苦痛や快感、衝動や欲望、情熱など感情の担い手ということができます。**肉体とエーテル体のみで成り立っている存在(植物)は、こうした苦痛や快感、衝動や欲望などを抱くことはありません。植物はこのような感情を持ち合わせていません。シュタイナーはこの「感情」に作用する力を人間の第3の構成要素としてとらえ、「アストラル体」と名づけたのです。

人間は感覚体(アストラル体)を、動物とのみ共有しています。すなわち感覚体は感情生活の担い手なのです。(『霊学の観点からの子どもの教育』P.50 〜 51)

第４の構成要素「自我」＝「私」の担い手

人間の第４の構成要素は、「自我」です。さて「自我」とは何でしょうか。

自我によって、人間は考えたり、言葉を話したり、記憶することが可能になるといいます。これまでに外へ出てきた思考力と、記憶力と体力と、それらの力をすべて総動員しながら物事を判断していくということを自我は行います。「アストラル体」が自由になると、抽象的な思考力がどんどんと働き始めます。これは自我が判断力を養成しているともいうことができます。

人間は、この第四の構成要素を、他の地上の存在とは共有していません。この構成要素は、人間の「私（自我）」の担い手です。（中略）誰でも机のことを「机」と呼び、椅子のことを「椅子」と呼ぶことが可能です。「私」の場合だけは、事情が異なっています。誰も、ほかのものをいい表わすために「私」という言葉を使うことはできません。「私」という名称が、私のことを表す言葉として、外から私の耳に響いてくることはありません。

（『霊学の観点からの子どもの教育』P.52）

自分のことを他の誰でもない「私」という力。幼い子どもは、自分のことを呼ぶとき、「〇〇ちゃんは、今日遊んだ」とか、「〇〇ちゃんも外へ行く」と言います。それが成長とともに、「僕、今日遊んだよ」「僕も外へ行く」というように変わっていきます。そうした自分のことを、「僕（私）」と呼ばせる力を、自我とここでは名づけます。

ケース1（エーテル体）
生きる力がわきあがってこない、わたるくん

保育園に通うわたるくん（年長 6歳）は、ときどき登園を渋りお母さんを困らせています。０歳で入園したときには特に気づかなかったのですが、他の子どもがたくさんお話しをする頃になっても保育園では全く話そうとしません。どうやら家ではたくさんお話しすることができるようでしたから、お母さんに伝えたときにはずいぶん驚いたといいます。

わたるくんは何か伝えたいことがあると担任保育者の手を引き、その場に連れて行って身振り手振りで何とかコミュニケーションをとることができます。常にボーっとした表情で、何かに不安を抱えているような、おびえているようなそんな印象を保育者は抱いています。

児童精神科医の診断は「場面緘黙（かんもく）」。その原因は現在の医療でもよくわかっていませんが、背景には不安があるのではないかといわれています。

保育カウンセラーの私は、彼のエーテル体の弱さが気になっていました。どうやらわたるくんの家庭はお父さんもお母さんも相当に忙しく、わたるくんが生まれた頃からほとんどかかわることができなかったようです。代わりに渡されていたのは、タブレット。どうやら今でも家にいるときはほとんどタブレットを離さず手にしているようです。タブレットやスマートフォンは子どものエーテル体の力を弱めていきます。生き生きとした子どもらしい目の輝きを失うことになります。

私はお母さんとお話しさせていただき、お仕事の大変さや子育ての大変さを受け止めながら、スマートフォンやタブレットが子どもの発達に悪影響を与えること、そして、本来わたるくんは生きる力を十分備えていることなどを伝えました。

その後、しばらくして家でのスマートフォンやタブレットの使用はなくなったといいます。そしてわたるくんが卒園する頃には、目に輝きが宿ってきたといいます。エーテル体は子どもの子どもらしい力を生み出していきます。

ケース2（アストラル体）感情をうまくコントロールできないアユトくん

「アストラル体」との関連で、「感情をうまくコントロールできないアユトくん」のエピソードをここに示します。

以前私は、知的障がいを持つ子どもたちの施設で勤務をしていましたが、その施設でのことです。中学2年生のアユトくんが学校から帰ってきました。私はいつものように「おかえり」と声をかけたのですが、突然「うるせぇ！　ぶっ殺すぞ！」との返事。表情があまりにも暗かったのでその場はそっとしておき、やり過ごしたのですが、しばらく歩いて行った先でまた「うるせぇ！　ぶっ殺すぞ！」という声が聞こえました。見ると小学1年生の男の子がアユトくんに胸倉をつかまれて今にも殴られそうになっています。私たち職員は大急ぎでその場に駆けつけアユトくんをなだめようとしたのですが、アユトくんはますます感情が高ぶり、職員に向かってつかみかかり、大声を出したり手足を振り回して暴れました。その後、アユトくんはこの高ぶった感情をどうしようもなくなり、それが最高潮に達したとき、彼は幼児のように大声をあげて泣き出してしまいました。

ひとしきり泣いた後は落ち着いたようで、夕食のときに顔を合わせると、さっきの不機嫌と大泣きなど嘘のように明るい笑顔で私に話しかけてきました。

アユトくんは感情を抑制すること、また感情から来る行動を抑制することができないという特徴があると理解できます。

もちろん私たちにも抑えられない感情が心にうずまくことはあります。たとえば、職場で失敗して上司に注意されたり、またはほんとに些細なことでいやみを言われたときなど、イライラして1日中むしゃくしゃしますよね。

でも私たちは様々な方法で感情を抑えたり、イライラを発散させる方法を知っています。たとえば仕事とは関係ない仲間を誘って飲みに行ったり、友人と喫茶店に行ってさんざん愚痴をこぼしたりできます。

アユトくんは、そんな方法でイライラを発散させたり抑えたりすることができにくいのです。だから、このときも感情が最高潮に達したとき、まるで幼児のように泣くことしかできなかったのです。

アユトくんのように感情をコントロールできない子どもは社会において多くの苦労を重ねますが、アストラル体の力がとても強く、感情をコントロールすることができないのだと、理解することができます。

4-5　7年周期の発達理論

シュタイナー教育では、子どもの発達の道筋を7年周期でとらえています。ここでは、7年周期の発達理論について学びましょう。

子どもの発達と蝶のお話

子どもの発達とは不思議なものです。生まれてから大人になるまでの間に、形態的に大きくなるだけではなく質的に著しく変容していきます。シュタイナー教育ではその質的な変容を7年周期でとらえます。ここでは子どもの発達をまずは蝶の成長にたとえてお話しします。

あるところに、りゅうへい君という男の子がいました。このりゅうへい君、昆虫が大好きで、特にモンシロチョウが大好きでした。

ある春の朝、りゅうへい君は近所のキャベツ畑へ散歩に行きました。

キャベツ畑の周りには、たくさんのモンシロチョウが飛び交っています。りゅうへい君は、うれしくなってキャベツ畑を走り回りました。

ふと、キャベツの葉を見ると、葉っぱの上には、小さな黄色の粒がちょこんと乗っています。

「あ、モンシロチョウの卵だ。うちへ持って帰って育てよう」

りゅうへい君は、葉っぱごと卵を取って、そうっと家へ持って帰りました。

りゅうへい君はモンシロチョウの卵をうちへ持って帰ると、大切にケースに入れて育てます。

踏みつぶされたり、風で飛ばされたりしないように、大切に育てていました。

「早く蝶にならないかな」

でも、悲しいかな、りゅうへい君は、卵がすぐにモンシロチョウになるものだと思っていました。りゅうへい君は、この卵に「モンちゃん」という名前をつけて、モンちゃんが蝶になるのを楽しみに待っていました。りゅうへい君はモンちゃんが、いつ蝶になってもいいように花の蜜をたくさん用意していました。

ある朝、いつもと同じようにモンちゃんのケースをのぞき込んだとき、りゅうへい君はびっくりしました。

どうしてだと思いますか?

そうです。モンちゃんはモンシロチョウではなく、小さな毛虫みたいなものになっていたからです。しかもモンちゃんは、花の蜜ではなく、卵がくっついていたキャベツの葉っぱをおいしそうに食べているではありませんか。

「モンちゃん、だめだよ。そんなものを食べてちゃあ。おなかこわすよ。モンシロチョウは花の蜜を食べるんでしょ、ほら」

そう言って、モンちゃんに花の蜜をあげようとしても、モンちゃんは見向きもしません。

モンちゃんは、キャベツを大量に食べましたから、あっという間に卵がくっついていたキャベツを食べつくしてしまいました。このまま、花の蜜をあげても全く見向きもしないので、りゅうへい君はモンちゃんに、キャベツをあげることにしました。

さて、モンちゃんはキャベツを毎日大量に食べ、そして日に日に大きくなっていきます。色もすぐに濃い黄緑色になってきました。花の蜜を一向に食べようとせず、思いもかけない姿になってしまったモンちゃんを、りゅうへい君は心配しながら見ていました。けれども、食欲旺盛で、ぐんぐん大きくなるモンちゃんを見ていると、うれしくも思うのでした。

そして、ある日、いつものようにキャベツの葉をたくさん持って、モンちゃんのもとにやってきたりゅうへい君は、再び驚いてしまいました。

そうです。モンちゃんが全く動かなくなってしまったからです。やわらかかった肌が硬くとがってしまっています。そして、あれだけ大量にキャベツを食べていたモンちゃんが、今度は全く何も食べなくなってしまいました。

「どうしたの、モンちゃん。あんなにたくさん食べてたのに。何も食べないと体に悪いよ。ほら」

そう言って、モンちゃんにキャベツをあげても全く動く気配がありません。

「それに、どうしちゃったの、そんなに硬い体になってしまって。そんなに硬くとがっていたら危ないよ」

りゅうへい君が指で硬くなったモンちゃんのお尻を軽くつついてみても、モンちゃんはお尻をちょこっと振るだけです。

「モンちゃん大丈夫かな？　死んじゃったのかな」

りゅうへい君には、もう何もできません。ただ静かに見守るだけです。

どれだけ経ったでしょうか。りゅうへい君がモンちゃんのことを「もう死んじゃったのかな？」と思うほど心配し始めた頃でした。

モンちゃんの体の色が変わってきました。どうやら殻の奥で動くものがあるようです。

「モンちゃん、どうしたの。何が起こるの？」

そう思っていると、モンちゃんの硬く閉ざされた背中の殻が割れました。

中には、羽がしわくちゃになったモンシロチョウのモンちゃんがいます。羽で殻を押し開けて少しずつ外の世界に出てこようとしています。

「もう少しだ、もう少し。ゆっくりでいいよ！」

りゅうへい君は、モンちゃんを応援しています。

そして、モンちゃんは、とうとうモンシロチョウになりました。

縮んだ羽をゆっくりと伸ばした後、外の世界に飛んで行きました。

りゅうへい君は、その姿をじっと見ながらうれしい気持ちでいっぱいでした。

子どもの発達に置き換えてみると

さて、このお話、モンシロチョウの成長過程を知っている私たちにとっては、ちょっと滑稽な話ですね。りゅうへい君はモンシロチョウの成長過程を全く知らず、卵からいきなり成虫になると思い込んでいるから、右往左往してしまいます。

幼虫に「モンシロチョウは花の蜜を食べるものだ」と言って、キャベツではなく、花の蜜を与えようとします。また、さなぎになってからは、「どうしてキャベツをあんなに食べていたのに食べなくなったのか」と心配になります。そして硬く閉ざした体をつついてみては、モンちゃんから、嫌がられてしまうのです。

私たちは、モンシロチョウであれば、その成長の各段階に応じたふさわしいかかわりがあることをよく知っています。必要なときに必要な食べ物やかかわり。見守るべきときには見守ること。モンシロチョウならば自信を持って育てられますね。

けれども、私たちは子どもの発達に関して話し始めると、とたんに自信がなくなり、はっきりとしたかかわりができなくなってしまいます。

私たちは、モンシロチョウの幼虫に、花の蜜をあげるようなかかわりを、子どもに対してしていないでしょうか？　また、さなぎの状態にある子どもに対して、一生懸命キャベツを与えようとしていないでしょうか？　無理やりつついてしまっていないでしょうか？

子どもへのかかわり方にも、子どもの発達に応じたかかわり方があります。それを明確に示してくれるのが、シュタイナーによる7年周期の発達理論なのです。

（京田辺シュタイナー学校 山田充先生「チョウが飛び、子どもが大人になるために」をもとに再構成）

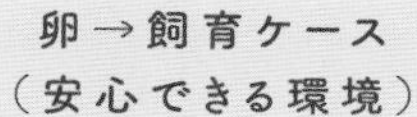

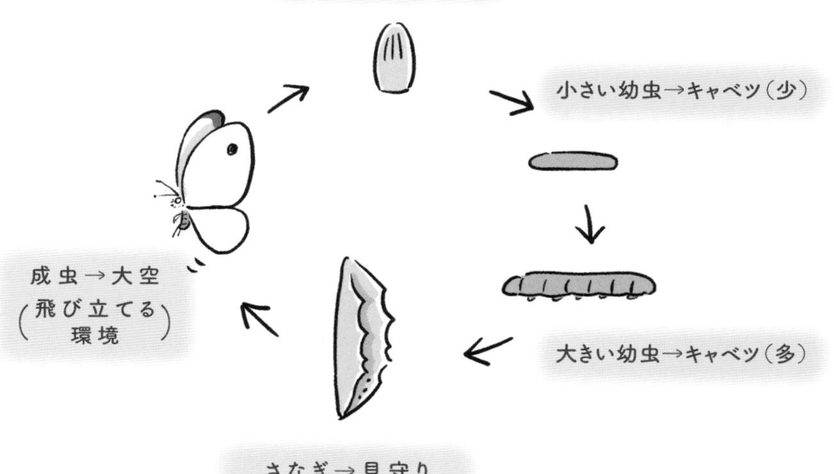

7年周期の発達理論

シュタイナーによる発達理論は、人間の成長、発達のプロセスを明確に示してくれます。

シュタイナーによれば、子どもが母体から外に出てくること、つまり肉体の誕生は、母親の物質的な殻から脱皮することを意味します。この殻からの脱皮は、私たちは通常母体からの誕生時のみであると考えているのですが、シュタイナーによれば、この「誕生」は一度きりではないといいます。エーテル体が殻から脱皮するときが訪れ、やがてアストラル体や自我にも脱皮の時期がやってきます。肉体が母体という保護膜に覆われて保護されているように、それぞれの脱皮の時期が訪れるまでは、エーテル体もアストラル体も自我も保護されているのです。

その脱皮はいつ訪れるのかというと、シュタイナーによれば7年ごとに節目がやってくるというのです。

第1・7年期（0～7歳）で大切なこと＝体を育てる

まずは、肉体の誕生から歯の生え変わる頃までの、第1・7年期と呼ばれる時期について見ることにしましょう。年齢にすると誕生からおおよそ7歳くらいまでのことをいいます。

この時期の子どもは、肉体は誕生していますが、エーテル体は、まだ保護膜（殻）に覆われていて誕生していません。誕生前の肉体が母親の胎内に覆われながら少しずつ成長していくように、エーテル体もこの時期に保護膜に覆われながら発達していきます。そのエーテル体の力によって、子どもの体は成長が促されるのです。誕生から7歳くらいまでの第1・7年期では、主に体の成長が促されるということができます。

生まれたばかりの子どもは、この7年間で、立ち、歩き、話し、考えるようになります。

身体的な成長の節目は、体の中で最も硬いといわれている歯が生え変わるときです。

7歳までというと乳幼児期です。この時期の教育的な課題は、身体の機能が十分に、健全に働くように心がけるということです。

●第1・7年期（0～7歳）で大切なこと
「食べる・寝る・遊ぶ」の生活リズムを通して、子どもの体を育てること。

第2・7年期（7～14歳）で大切なこと＝心を育てる

エーテル体が外に出てくると、今度はエーテル体の成長に焦点を当てる必要があります。この時期を第2・7年期と呼びます。年齢にすると、およそ7歳から14歳です。

この時期はいまだアストラル体は保護膜に包まれていますが、エーテル体はアストラル体の影響下にあるといいます。つまり心を育んでいく時期といえるのです。

第2・7年期といえば、小学校生活が始まる時期です。アストラル体の影響を受けながらエーテル体の成長が焦点になります。この時期に注意しなければならないのは、「知的な早産」。「自分で判断すること」「自分で考え、自分で実行すること」「論理的に思考すること」などは、この時期には早すぎるといいます。そうではなく、「芸術的な活動」を通して、子どもの心を育てることが大切です。

自我はまだ保護膜の硬い殻に覆われています。自我の成長を急がせてしまっては、時が熟さないのに殻を破って外に出てこなければなりません。肉体も機が熟してから母体から外界に出てくることが望ましいように、自我も機が熟してから、外へ出てきたほうが安定して育つのです。

第1・7年期が過ぎエーテル体が保護膜から解放されると、エーテル体は自分の力で成長するようになります。ただしこの段階では、エーテル体は、保護膜に包まれたアストラル体の影響下にあります。アストラル体も自由になる時期（14歳頃）になって、エーテル体は、ようやくひとつのサイクルを終えます。エーテル体のサイクルが終結したということのはっきりとしたあらわれは、性的な成熟であるといいます。

● 第2・7年期（7～14歳）で大切なこと
「芸術的な活動」を通して、子どもの心を育てること。

第3・7年期（14～21歳）で大切なこと＝自我を育てる

思春期を迎える頃、今度はアストラル体が殻から脱皮します。いまだ殻に覆われた自我の影響を受けながら、アストラル体の成長が焦点になるのです。第3・7年期の課題は、思考力、知力、判断力を育てていく時期で、つまり自我を育てる時期であるといいます。年齢的には14歳から21歳くらいまでです。

思春期を迎える頃、日本でいえば中学生くらいになって初めて抽象的な思考力や、自分自身で考える力を育てることが課題となるのです。

その後にようやく、自我が殻から脱皮します。思考力や、知力、判断力が十分に育ち、社会に旅立っていく準備が整ったということになるわけです。その年はおおよそ21歳。

シュタイナーによる発達理論は、その後も成人期、老年期、そして転生論で述べたような死後の「発達」へと続いていきますが、第4章では、子どもの発達ということに視点を置いているので、第3・7年期までの発達でとどめておくことにしましょう。

●第3・7年期（14～21歳）で大切なこと

思考力・知力・判断力を必要とする「知的な活動」を通して、自我を育てること。

4-6 子どもの体に関係する4つの感覚

シュタイナーの治療教育では、子どもの体に働きかけることで子どもの自己治癒力を活性化することが目標です。ここでは、子どもの体に関係する触覚、生命感覚、運動感覚、平衡感覚の4つの感覚について考えてみましょう。

1
2
3
4
5

1. 触覚

触覚には大きく分けて、3つの働きがあります。

①保護する働き

保護する働きとは、皮膚に触れたものが危害を加えるものか、そうでないかを判断するセンサーのような役割を持っています。触れたものが危害を加えるものであった場合、逃げる（逃避）、体を守るためにじっと固まる（防衛）、攻撃する（攻撃）という行動をとります。

②識別する働き

対象が危害を加えるものではなかった場合、次にそのものが何であるのか、その材質や形などを知ろうと積極的に触れようとします。これが識別する働きで、この働きがあるために私たちは目で確認しなくても手触りだけで、たとえばカバンの中のスマートフォンを識別することができるのです。

③安心・信頼を育む働き

触れる、触れ合うことで相互に安心感、信頼感が育まれるといわれています。**触れ合いによる愛着形成は触覚の中で最も大切ですので、少し詳しく説明します。**

◉触れ合うことによる愛着形成

不安や恐れ、疲れなど、ネガティブな心理状態に陥ったとき、特定の人物に接近・接触することで、心的安定を回復しようとする行動制御システムを、ボウルビィ（Bowlby.J）は、**愛着（アタッチメント）**と呼びました。

愛着行動を示し、心的回復をすることにより子どもは安心して再び愛着の対象者から離れ探索行動を開始することができます。愛着行動は、子どもが養育者などに向けて発信する泣き、笑い、定位（じっと見つめる）、抱きつき、追従行動など様々にあり、これらには養育者に触れて安心したいという子どもの大切な欲求が込められています。このような養育者と子どもの絆は、将来の人間関係や社会的なつながりへと発展していきます。

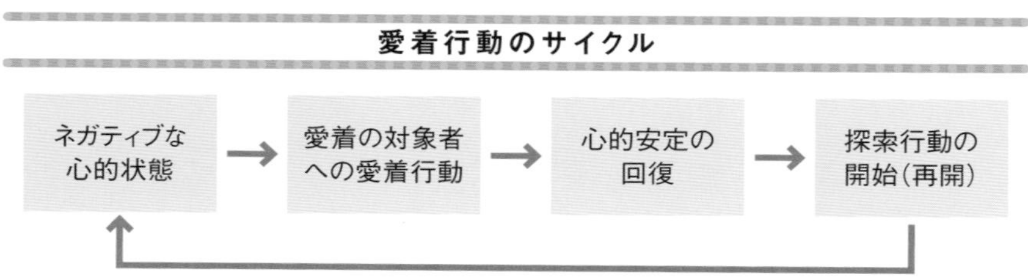

⦿愛着形成には肌と肌の触れ合いが大切

肌が触れ合うことで、オキシトシン（愛情ホルモンとも呼ばれる）の分泌が促されることがわかっています。生後1年の間に脳がオキシトシンの影響を十分に受けると、ストレスに強い、記憶力がよいというような効果が一生続くことがわかっています。

2. 生命感覚

「生命感覚」は、「食べる・寝る・遊ぶ（日中の活動）」を中心とした生活リズムをつくることで、自律神経を整える働きがあります。

生命感覚は、私たちの体が健康か、不健康かを教えてくれる感覚であると言い換えてもよいかもしれません。私たちは健康であれば特に身体的な痛みや違和感を抱くことなく過ごすことができます。しかし、体に何らかの不具合が生じたときにそれを感知することができます。たとえば、おなかがすいたときや、暑さ・寒さを感じるとき、のどが渇いたときや血圧が上がったときなど、体に不具合が生じそうだというときに、何らかの形で知らせてくれるのが生命感覚であるということができます。

そうした体の恒常性をつかさどるのが自律神経系です。自律神経系は脳内の視床下部という器官でコントロールされています。また自律神経とは、呼吸や消化、血液循環などをコントロールしている神経のことです。興奮や目覚めなどをもたらす交感神経とリラックスした状態をもたらす副交感神経があります。交感神経と副交感神経のバランスが大切で、それは視床下部や自律神経によりコントロールされています。

生命感覚は自律神経系と深く結びついているため、自分の意思でコントロールすることができない感覚です。それらが乱れると、睡眠や食事、日中の活動すべてに悪影響が生じることになるのです。夜眠れない子どもや、食が細い、活動意欲がないなどはすべて、生命感覚が影響しているといえるでしょう。

◉生命感覚を育てるには

生命感覚を育てるには、「食べる・寝る・遊ぶ」の生活リズムを整えることが大切です。食事は3食一定の時間にしっかりと落ち着いて食べる。夜は早めに眠り、朝は早く一定の時間に起きる。そして、子どもの場合であれば日中は、体を動かしてしっかりと遊ぶことです。人間はもともと日の出とともに目覚め、日の入りとともに眠っていました。適度な量の食事を決まった時間にとり、日中は体を動かして働かなければいけませんでした。こうした太古の昔から行われていた、当たり前の人の生活を体に思い出させましょう。

文部科学省が平成18年から「早寝早起き朝ご飯」の国民運動を推進していますが、これは生命感覚を育てるうえで最も基本的なことということができます。

生命感覚を育てるには「食べる・寝る・遊ぶ」が大切

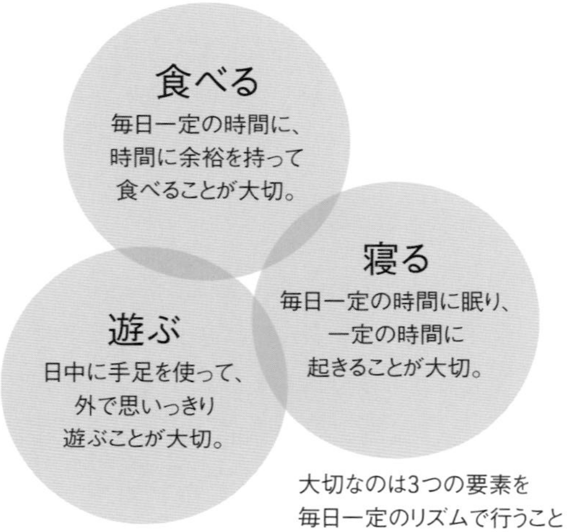

出典:山下直樹『「気になる子」のわらべうた』(クレヨンハウス／2018年)

3. 運動感覚

運動感覚には、以下の3つの働きがあります。

①自分の身体の部位同士がどんな位置関係にあるかを教えてくれる働き

⇒目をつぶっていても自分の姿勢や手足の位置や動きがどうなっているかがわかる。

②姿勢を保持し、筋肉を微調整する働き

⇒体幹により姿勢を保持し、筋肉を微調整してしなやかに動く。

③自分の体の大きさを知る働き

⇒ボディイメージともいわれ、頭の先からつま先まで自身の体の大きさを把握する。

◉運動感覚がうまく働かないと

身体の各部位を連動させて（協調させて）動かすことができないため、あら

ゆる運動が苦手になります。また、日常生活では、乱暴な行動や、だらしのない行動が見られます。保育現場で見られる乱暴な行動やだらしのない行動は、この運動感覚の未成熟から生じることが多いといわれています。

たとえば、「やめて」と相手にそっと触れればよいところを、「やめて！」と相手を両手で突き飛ばしてしまうことがあります。これは、腕の筋肉を微調整する力が弱いのです。また、お手伝いをしようとコップをテーブルに置く際も、そっと置くことができずに、「ドン」と強く叩きつけるように置いてしまいます。

あるいは、床に「体育座り」をして先生の話を聞く際も、足を抱えてじっと座るための筋肉と関節のしなやかさがないため、座る姿勢を保持できず、立ち歩いてしまうことが生じます。これらはすべて、運動感覚の未成熟から生じる「問題行動」であるということができます。

◉運動感覚を育てるためには

運動感覚を育てるためには、2つのポイントがあります。それは、**手足を動かして遊ぶことと、実生活にかかわるお手伝い**です。

①手足を動かして遊ぼう！

物が今ほどなかった時代に、子どもたちが工夫して遊んでいたような遊びはすべて運動感覚を育てていくと考えてよいです。たとえば、手遊びやゴム跳び、あやとり、おりがみ、ボール遊び、石けり、木登り、こま、ベーゴマ、けんだま、メンコなどなどです。あらゆる遊びは運動感覚を育てます。

②お手伝いをしよう！

実生活にかかわるお手伝いも運動感覚を育てます。たとえば、窓ふき、床ふき、洗濯物運び、配膳、料理、雑巾絞り、洗濯物たたみ、洗濯物をかたづける、アイロンがけなどです。

4. 平衡感覚

平衡感覚は、体の傾き、回転、前後上下左右の動きを感知する感覚です。

平衡感覚にトラブルが生じると、日常生活に様々な支障が生じます。たとえば、

- 一人でクルクルと回る
- ぴょんぴょん飛び跳ねる
- じっとしていられない
- 走り回る
- 高い所に登る

などです。

これは、平衡感覚の未成熟さから、平衡感覚からの刺激が不足している！と感じるためです。

ですから、これらの行動が見られたら、平衡感覚の刺激を適切な形で満たしてあげることが大切です。そのうえで長期的には平衡感覚を育てていくことが発達支援になるわけです。

◉平衡感覚を育てるためには

適切な場で、平衡感覚の刺激を与え、満たしてあげることが大切です。

保育現場であれば、登園後の自由時間を利用して、次のような活動をします。

平衡感覚を育てる活動の例としては、ブランコ、トランポリン、自転車、一輪車、キックスケーター、木登り、竹馬、竹ぽっくりなどがあげられます。また、わらべうたの中にも平衡感覚を育てる多くの遊びがありますので、以下の参考図書を活用してください。

山下直樹『「気になる子」のわらべうた』（クレヨンハウス／ 2018年）

●4つの感覚のまとめ

触覚　：触れ合いを通して、安心・信頼を育む。
生命感覚　：「食べる・寝る・遊ぶ」の生活リズムにより自律神経を整える。
運動感覚　：自分の体の大きさや動きを知覚することで、自由に動く体へと導く。
平衡感覚　：回転や前後上下左右の動きを知覚し、外部空間と自身との関係を知覚する。

第5章 今日からできるシュタイナーの治療教育

5-1 シュタイナーの治療教育施設で子どもたちがやっていること

第5章では、今日からシュタイナーの治療教育を実践するための方法について考えてみましょう。第1節では、シュタイナーの治療教育施設で子どもたちが行っていることから、そのポイントを示します。

リズムのある生活としての「食べる・寝る・遊ぶ」

シュタイナーの治療教育施設では、「食べる・寝る・遊ぶ」のリズムを整えることで、子どもの自己治癒力を活性化させています。これは、どのような薬やセラピーよりも大切で、これこそがシュタイナーの治療教育の「治療」の柱ともいえます。

◉食べること

治療教育施設では、①決まった時間に、②落ち着いた環境で、③ゆっくりと時間をかけて、④お祈りを欠かさずという基本があります。

どんなに行事が立て込んでいても、大人が忙しくても、決まった時間に、そして落ち着いた環境で食事をとります。もちろん1分2分の違いは構いませんが、おおよそのリズムは朝、昼、夜と毎日変化がありません。この一定のリズムが子どもの体の安定に寄与するのです。

食事の時間には、スタッフも子どもたちと一緒にゆったりと食事をとります。職員は忙しいですが、食事中に立ち歩いたり、大声で注意したりすることはありません。スタッフが忙しく立ち歩いていては、障がいのある子どもたちに「静かに座って食べなさい」とは言えませんよね。

◉寝ること

障がいを持つ子どもにとって、睡眠に困難がある場合も多いものです。治療教育施設の子どもたちも同様ですから、睡眠のリズムを整えることにかなりの神経を使っています。

夕食後の一連の活動（入浴や着替え、歯磨きなど）をゆったりと行った後に、

「夕べの集い」を行います。明かりを消し、ろうそくの光と弱い間接照明だけにしたリビングに集合し、1日の振り返りを静かにみんなで行った後、夜のうたをうたいます。その後にろうそくの光をたよりに、スタッフと子どもの2人だけで各自の部屋に行きます。おやすみの挨拶だけで眠れる子どももいれば、眠れない子どももいます。そんなときはベッドに横になった子どもとちょっとしたお話をしてから、子どもたちを眠りにつかせるのです。こうした毎日のリズムを整えることで、ほとんどの子どもたちは、朝までよく眠ることができます。

◉遊ぶこと

遊ぶこととは、日中の活動を含みます。日中の活動は、外で手足を動かして遊ぶことと、室内で静かに過ごすことが一定のリズムで繰り返されます。

たとえば、休日は、午前中は活動的に外で過ごします。広場で体を動かして遊んだり、ときにはハイキングに行ったりします。活発な活動は午前中に行います。

午後は、昼食と少しの昼寝を済ませてから、子どもの体力や体調に合わせて、庭で遊んだり、近場に散歩に出かけたり様々です。子どもによっては、午後は絵を描いたり、うたをうたったりしながら過ごすこともあります。

祝祭を通した、1年のリズムを体感する

1日のリズムに加えて、少し長いスパンのリズムもあります。それは祝祭を通したリズムにより子どもを育てるということです。

ヨーロッパはキリスト教が根強く文化として浸透している地域ですから、祝祭はキリスト教に基づいたものが多くありますが、それ以外の自然の営みを祝うことも多く行われます。

イースター（復活祭）やクリスマスはもちろん、ファスナハト（謝肉祭）や収穫祭などです。また夏至には太陽をはじめとした自然の恵みに感謝し、冬至では暗い中で自身の中に輝く自我の光を見つめます。このように祝祭を通して外界から受けとるものを心に刻んでいくことによって、子どもの成長は支えられます。

5-2 「食べる・寝る・遊ぶ」で子どもは育つ

シュタイナーの治療教育施設で行われている生きる力を育む生活リズムを家庭で実践してみましょう！

「食べる」リズムの整え方

◉ステップ①　まずは時間を整えよう

まずは時間を一定にしましょう。たとえば朝は7時、昼は12時、夜は19時と決めたら、それを崩さないことです。体内時計に食べる時間が刻み込まれますから、同時に排せつもスムーズになるでしょう。

◉ステップ②　環境を整える

食事中の環境を整えることが大切です。テレビは消して、食事中はどんなに忙しくても大人は新聞やスマートフォンを見ないようにしましょう。大人がスマートフォンを見ていたり忙しく立ち歩いていては、ゆったりとした時間になりません。また、食事する全員がしっかりと席についていることが大切です。子どもが立ち歩いて困るという場合は、環境を整えるようにしましょう。

◉ステップ③　「いただきます」「ごちそうさま」の挨拶を省略しない

キリスト教の文化では、食事の前にはお祈りがあります。日本人はあまり意識していませんが、日本にもシンプルですばらしい「お祈り」があります。つまり、「いただきます」と「ごちそうさま」です。これは、作物をつくってくれた農家の人に感謝し、その食事をつくってくれた両親に感謝し、作物や生物を育てた自然にも感謝し、命を私たちに提供してくれたすべての生物にも感謝するという「お祈り」です。これらのことを「いただきます」「ごちそうさま」という短い言葉で表現しているのです。

睡眠リズムの整え方

◉ステップ① まずは「起きる」ことから

眠るためには、実は「起きる」ことから始める必要があります。朝は一定の時間に「起こす」ことが大切です。親が休みだからといって、子どもまで「遅寝遅起き」をすると体内のリズムが乱れてしまいます。

◉ステップ② 眠るための「儀式」をつくろう

スムーズに眠りにつくためには、「儀式」が大切です。まずは、夕方（入浴後）以降は、明かりを暗くする、テレビなどデジタルメディアはつけないなど眠るための環境を整えることが大切です。夜更かしで夜眠れない乳幼児の多くが、遅い時間までデジタルメディアに触れています。日本は、世界でも子どもの睡眠時間が最も短い国のひとつであるといわれています。大人の夜型生活が子どもの睡眠にも影響しているのです。

その上で、以下のような眠りのリズム（儀式）をつくることが大切です。

入浴⇒着替え⇒歯磨き⇒トイレ⇒ベッドに入る⇒絵本（お話）⇒眠る

◉ステップ③ 眠る前の絵本や「お話」は大切

子どもがベッドや布団に入ったら、絵本を読んだりお話をしてあげましょう。絵本を読むことは子どもが眠るためのとてもよい儀式ですが、必ず1～2冊と決めてください。

絵本を読み聞かせる場合の欠点は、明るくないと読めないことです。明るさは子どもの眠りを妨げますから、私は眠る前の「お話」を勧めています。素話で昔話をするのが理想ですが、お父さんやお母さんのオリジナルのお話でも構いません。明かりを消して、目を閉じてお父さんやお母さんが静かに語るお話に耳を傾けたまま、ゆったりとした気持ちで子どもは眠りにつくでしょう。

◉ステップ④ 親もゆったりした気持ちで

大人は忙しいですから、子どもを寝かしつけるときに、「子どもが寝たら家事をしよう」「仕事の続きをしよう」と思っていると、子どもはなかなか寝てくれないものです。子どもが寝ないと親もイライラし、そのイライラが伝わって子どもはますます寝ません。子どもと一緒に「寝落ち」してしまうと、「あー、寝ちゃった！」と大慌てしてしまうこともありますが、子どもにとっては親が一緒に寝てくれることで安心して休めます。乳幼児を育てているときは、子どもと一緒に寝てしまい、朝少し早起きして仕事なり家事なりするほうがよほど効率的です。

遊ぶリズムの整え方

◉ステップ① 手足を使って遊ぼう

子どもは遊びが大好きです。しかも手足を使って遊ぶことが大好きです。つまり、走ったり、飛び跳ねたり、よじ登ったり、飛び降りたりしながら子どもは体を育てていきます。

しかし、現代的な問題で、外で遊ぶ機会が減っていることは確かです。自由に遊べる空き地はもうどこにもないですし、事故の危険などを考えると四六時中子どもから目を離せません。公園で遊ぶといっても、暑さのために初夏から秋口まで外で遊べませんし、ケガの問題もあります。子どもが手足を使って遊べば遊ぶほどケガをする、またはケガをさせることが多くなります。それでなかなか外で思いっきり遊ばせることができないという話はよく聞きます。

気候のいい時季には、運動感覚や平衡感覚を育てるために、手足を使って遊びましょう。公園にある遊具では、ジャングルジムやすべり台、ブランコ、シーソーなどでたくさん遊んでください。気候が外遊びに適していない時季は、室内でわらべうたで遊びましょう。また手押し車や動物遊びなど、様々に運動感覚と平衡感覚を育てる遊びがあります。

◉ステップ② 遊びも時間を考えて

遊ぶことにもリズムがあります。「お父さんが帰宅してから子どもと遊ぶから、子どもの就寝時間が遅くなってしまう」という相談をお母さんから受けることがよくあります。

子どもが元気に遊んでよい時間は、午前中と午後のお昼寝後から夕食前までです。それ以降は静かな時間になりますので、遊びモードから睡眠モードに切り替えることが大切です。

「食べる」リズムの整え方

食事は朝・昼・晩と決まった時間に食べましょう。食事をする全員がちゃんと席につき、テレビやスマホなども見ないというふうに、環境を整えることが大切です。
「いただきます」「ごちそうさま」の挨拶もきちんとしましょう。

「寝る」リズムの整え方

まずは、朝ちゃんと起きることが大切です。スムーズに眠りにつくためには、入浴⇒着替え⇒歯磨き⇒トイレ⇒ベッドに入る⇒絵本（お話）⇒眠るといったふうに、寝る前にやることを儀式化するとよいでしょう。寝る前の絵本の読み聞かせは大切な儀式ですが、明るいと眠りを妨げるので、暗くして「お話」をするのがお勧めです。

「遊ぶ」リズムの整え方

運動感覚や平衡感覚を育てるためにも、走ったり、飛び跳ねたり、手足を使って遊ぶことはとても大切です。雨の日や暑さ・寒さが厳しい時季は、室内でわらべうたなどで体を使って遊びましょう。なお、子どもが元気に遊んでよい時間は、午前中と、午後のお昼寝後から夕食前までです。

5-3 家庭でできるシュタイナーの治療教育（乳児期編）

ここでは、家庭でできるシュタイナーの治療教育について示したいと思います。前半は乳児期編（0 ～ 2歳くらい）です。

乳児期の子どもは全身が感覚器官

乳児期までの子どもは、全身が感覚器官といっていいほど、とても繊細で敏感な感覚を持っています。

全身が感覚器官とはどういうことを意味するでしょうか。それは、環境からの刺激を全身で強く受けるということです。赤ちゃんの皮膚は柔らかくて敏感ですから、刺激を強く受けないように肌着は自然素材でつくられていますし、タグも外側についています。触覚以外の視覚、聴覚、味覚や嗅覚なども同様にかなり敏感に働いています。

デジタルメディアから遠ざかろう

テレビ、スマートフォン、タブレットなどのデジタルメディアは、私たちが思う以上に子ども、特に乳児期の子どもに強い刺激を与えます。テレビやスマートフォンを見ているときの子どもはまるで魂が抜けてしまったようにボーっと画面を見つめます。それはこれらデジタルメディアからの刺激が強すぎるため圧倒されてしまっているのです。

テレビやスマートフォンを見ているときの子どもの眼球は動いていません。一方で自然の景色を見ているとき、子どもの眼球は積極的に動いています。それはデジタルメディアからの刺激が受動的で積極的な行動を全く起こさせないことを意味しています。また、人間の人間らしい行動である判断力や思考力をつかさどる脳の前頭前野の活性がかなり落ちることがわかっています。

抱っこをしよう、子どもにうたおう、話しかけよう

◉抱っこをしよう

乳児期の子どもにとって最も効果的なことは、肌と肌が触れ合うことです。第４章６節でも述べましたが、**愛着を形成するためには肌の触れ合いが最も重要なのです**。ですから乳児期には特に抱っこをしましょう。あまり抱いていると「抱き癖がつく」といわれることがありますが、そんなことはありません。子どもは不安を感じたときにしっかりと抱かれることで安心した気持ちになると、親から離れることができるようになります。一方で安心することができなければ、必要以上に抱っこを求めることになるでしょう。

◉うたおう、話しかけよう

乳児期は、「聞き耳を立てて聴く」ということが大きな特徴です。子どもにとって最も安心する音は、親、特に母親の声です。それは胎内にいるときから慣れ親しんだ音だからです。ですから、お母さんは（もちろんお父さんも）乳児期の子どもにたくさん話しかけてみましょう。言葉がゆっくりなお子さんには、なおのこと子どもの発声に合わせて、声を聴かせることが大切です。

また、子どもにうたって聴かせることもとても重要です。わらべうたや童謡など、声の大きさにも配慮しながらうたって聴かせましょう。子どもは心地よいリズムと安心できる声によって、さらに安心感を積み重ねることでしょう。

「うたが子どもによい」からといって、CDで聞かせたり、YouTubeでわらべうたを見せたりすることは控えてください。子どもにとって安心できるのは、お父さんやお母さんの肉声です。言葉も同様で、お父さんやお母さんが話しかけてくれるから子どもは反応するのです。いくらCDで英語を聞かせても、その言葉から受ける印象は機械的なものでしかありません。

5-4 家庭でできるシュタイナーの治療教育（幼児期編）

幼児期になると、子どもの行動で「気になる」特徴が目立ち始めます。そんな「気になる子」に対して、家庭でどのようなことができるでしょうか。

想像力と模倣の力

幼児期の特徴は、想像力と模倣の力ということができます。想像力の翼が生えたかのように想像力が豊かになり、また他者、特に身近な大人に対して模倣する力が育ってきます。しかし「気になる子」の中には、この想像力と模倣の力が弱いため、幼児期になると他児との違いが目立ってくることがあります。そんなときにはどうすればよいのでしょうか。

自然の世界と触れ合う

「気になる子」の発達を促すときに大切なことは、「強みに働きかける」ことです。苦手なことを一生懸命努力して克服するのではなく、できること（強み）を生かした働きかけをすることです。その際とてもよいのは、自然の世界と触れ合うことです。動物や植物のような自然、また土、水、風、火など自然との触れ合いを通した遊びにより子どもたちは育ちます。

◉①動植物との触れ合い

動物を飼っているのであれば、一緒に散歩する、掃除をする、えさを与えるなどの役割を与えましょう。幼児期の子どもで大切なのは、必ず大人と一緒に行うことです。幼児は大人が心から楽しいと思っていることを内的に模倣するのです。

ある保育園では、自閉スペクトラム症（ASD）の子どもに毎日メダカのえさやりという役割を担ってもらっています。そのことで、子どもの自信につながっているようです。

植物の場合であれば、水やりや肥料の世話、雑草抜きなどが考えられますし、野菜を育てることで、収穫の喜びなどをわかりやすく経験することができるでしょう。

◉②土、水、火、風などの自然との触れ合い

砂場などで、土や水に触れることは子どもの触覚に働きかけます。火の取り扱いは必ず大人が行う必要がありますが、キャンプファイアーなどで、火が燃える様は子どもにとって大きな興味関心の対象です。また、風との触れ合いは、たとえば凧揚げや、風車、カエデの種を落としてその回転する様を見ることも楽しいものです。

◉③暮らしの中の遊び「お手伝い」

遊ぶというと、大人は遊園地やゲームと考えてしまいますが、子どもにとっては、暮らしの中のことすべてが遊びにつながっています。

お母さんが調理する横で佇むことも遊び、お手伝いも遊びです。子どもとたくさんのお手伝いを一緒にしてみましょう。すべてが子どもにとって遊びとなり、発達に働きかけることになるでしょう。

家庭でできる治療教育の例

動物との触れ合い

自然との触れ合い（風車遊び）

お手伝い

5-5 子どもの心と体を育てるわらべうたの秘密

わらべうたには、子どもの発達を促す要素がたくさんあります。またわらべうたは昔から伝わる子育ての知恵がたくさん詰まっています。わらべうたで、子どもの心と体を育みましょう。

触覚を育てるわらべうた

昔から子どもはなでられ、抱っこされて育ってきました。そのことによって安心し大人との関係が築かれてきたので、触覚を育てるわらべうたはたくさんあります。

いっぽんばしこちょこちょ

いっぽんばし　こちょこちょ
たたいて　つねって
かいだんのぼって　こちょこちょこちょ

遊び方

いっぽんばし→子どもの手のひらに人さし指で触れる
こちょこちょ→てのひらをくすぐる
たたいて→子どもの手のひらを軽くパンとたたく
つねって→子どもの手のひらを軽くつねる
かいだんのぼって→子どものてのひらから腕へと指で伝いながら登っていく
こちょこちょこちょ→子どものわきの下やわき腹をくすぐる

くすぐり遊びはわらべうたの基本です。子どもはくすぐられることで笑顔になり、大人も笑顔になります。同じような遊びに、「東京都日本橋」があります。

ぼうずぼうず

【ぼうず　ぼうず
かわいいときゃ　かわいいけど
にくいときゃ　ぺしょん】

遊び方

2人で向き合い、大人はリズムに合わせて子どもの頭や体をゆっくりさする。

歌詞に合わせて子どものお尻を軽く「ペン」と叩く。

子育ては楽しいばかりではありません。ときに子どもの行動にイラっと来ることだってあります。そんなときは、イライラや怒りの気持ちをわらべうたにのせて「昇華して消化」しましょう（昇華とは、ネガティブな感情を他のより適応的なことに変えて表現すること）。

生命感覚を育てるわらべうた

ここでは、生命感覚に働きかけるわらべうたとして、眠りと目覚めのわらべうたを紹介しましょう。

ねんねんねやま

【ねんねんねやまの　ねんねどり
ひとさえみれば　なきまする】

遊び方
大人は添い寝をして、子どもにそっと触れながらうたいます。

眠るための「儀式」としてわらべうたをうたいましょう。静かな環境でそっと触れられることで、子どもは安心して眠りにつくことができます。日本には素敵な「子守り歌」がたくさんありますので、覚えて歌ってみましょう。うたうときは、静かな声で、もちろん肉声で。くれぐれもCDやスマートフォンからわらべうたを聴かせないようにしましょう。

ととけっこう

【ととけっこう　よがあけた
まめでっぽう　おきてきな】

遊び方
朝、子どもを起こしながら、頭や体の一部に触れます。

朝、大好きなお母さんやお父さんの声で起きることで、スムーズに体も目覚めることでしょう。保育園ではお昼寝から起こす際にもこの歌がお勧めです。

運動感覚を育てるわらべうた

運動感覚は、筋肉や関節の動き、体幹と関係しています。運動感覚を育てるわらべうたを2つ紹介します。

あしあしあひる

【あしあしあひる
かかとをねらえ】

遊び方
子どもの両手を取り、大人の両足の上に子どもの両足をのせます。そのまま、大人は子どもをゆっくりと左右に揺らしながら一緒に歩きます。

子どもが大人の足の上にのりながら歩くためには、体の微調整が必要です。まるで竹ぽっくりにのるような身体調整を要するので、運動感覚が育っていきます。

ゆっつゆっつ桃の木

ゆっつゆっつ　桃の木
桃がなったら　くんべいぞ

遊び方
大人を木と見立てて、子どもが大人の腕につかまり、首までよじ登ります。

木登りは「危険」であるため、禁止されていることが多いこの頃です。「じゃあ、お父さんの木に登っちゃえ！」というのがこのわらべうたです。落っこちないように踏ん張りつつ、お父さんの木に登ることで、運動感覚を育てます。

平衡感覚を育てるわらべうた

平衡感覚は、前後上下左右、回転の動きを感知します。これらの動きを適切な形で行い平衡感覚を育てることが大切です。

うまは　としとし

うまはとしとし
ないてもつよい
うまはつよいから
のりてさんもつよい

遊び方
大人の膝の上に子どもをのせ、上下に揺らします。

膝の上にのせて揺らすことで、子どもは楽しみや喜びを感じ行動が落ち着きます。病院や駅の待合室などでお勧めです。そんなとき、すぐにスマートフォンを与えるのではなく、感覚を満たすことで子どもの行動は落ち着きます。

いもむしごろごろ

【いもむし　ごろごろ
ひょうたん　ぽっくりこ】

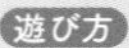

遊び方

横になってゴロゴロと転がります。

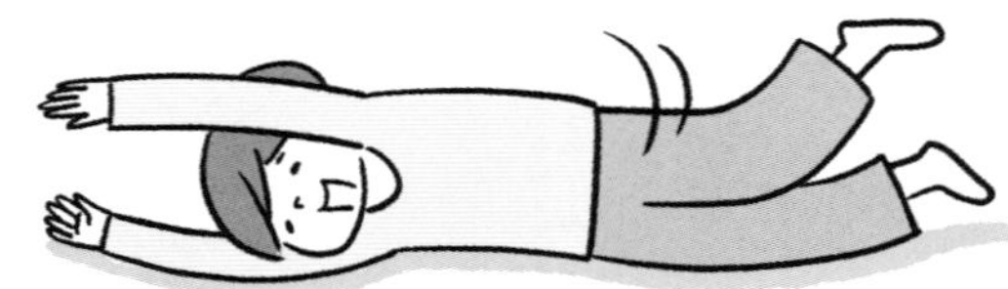

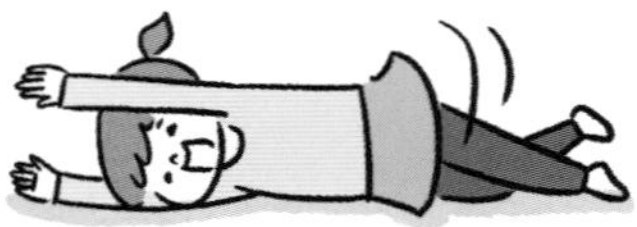

ゴロゴロと転がると子どもはキャッキャと喜びます。平衡感覚の刺激は楽しいものですから、楽しみながら平衡感覚を育てることができるとよいと思います。

5-6 昔話（メルヘン）と人形劇が持つ治療的な力

わらべうたと同じように、昔話（メルヘン）には、人間の叡智や子育ての知恵が詰まっています。昔話（メルヘン）から子どもは「なぜ人は生きるのか」「どのようにして生きていくのか」といった、「生きること」をイメージとして理解します。それが、子どもに治療的に働くのです。

「お話の聞けない子」でも工夫次第で集中できる

保育現場では、「お話の聞けない子」に出会うことがあります。絵本の読み聞かせをするときに聞いていられない子、「物語を素話で聞かせるなんて聞いていられるわけがない」という声も聞きます。いえいえ、そんなことはありません。気になる子も話し手の工夫次第で集中して聞いていられます。

◉素話（すばなし）の力

話し方

幼児を前にしてお話をするときは、素話でしてみましょう。素話とは、保育者がお話を覚えてそして語ることです。**言葉には力があります。そして、語り手の心に生じた言葉を心から伝えることによって、語り手の言葉が聞き手の心にも届きます。**

昔話の選び方

お話は、昔話をお勧めします。日本に伝わるものでもいいですし、欧米に伝わっているグリム童話やそのほかその地域に昔から伝わっている説話でもいいでしょう。いわゆる創作の童話よりも昔話（ドイツ語ではメルヘンといいます）がよいと思います。昔話は、古くから口承伝承されてきたもので、人間の叡智の結晶です。

こうした日本の昔話やグリム童話などは、保育者も知っていて馴染みやすいですし、覚えやすいのでお勧めです。

昔話の「残酷性」

注意が必要なのは、現代に都合よく修正されたものは使わないことです。たとえば、『あかずきん』では、最後にオオカミの腹が狩人に切り裂かれ、石を詰められた腹の重さでオオカミは井戸に落ちて死んでしまいます。『しらゆきひめ』では継母は最後に真っ赤に焼けた靴を履かされ死ぬまで踊り続けます。これらのシーンが幼児には残酷だといって、最後に「ごめんなさいと謝って仲よく暮らす」などと修正して話されることがあります。これでは、人間の叡智が台無しです。

昔話やメルヘンには「残酷性」が表現されていますが、素話で語られる際に「残酷性」は子どもの中の想像力に覆われて子どもに理解されます。昔話やメルヘンの中の残酷なシーンを映像で見せることは、幼児には避けるべきですが、語って聞かせることに問題は生じません。むしろ「善」と「悪」をイメージとして子どもは胸にとどめますので、それらは大切なことです。

人形劇の力

気になる子の中には、素話による言葉を理解できず楽しめないことも生じます。そんなときは、人形劇にしてみましょう。シュタイナーの治療教育や幼児教育では、人形劇をよく用います。その人形も、子どもの想像力を邪魔しないような、シンプルなつくりになっています。人形劇の舞台も布や石などの自然素材を使用したシンプルなものです。言葉の理解が困難な子どもたちも、人形劇でイメージを補うことでより理解が深まります。

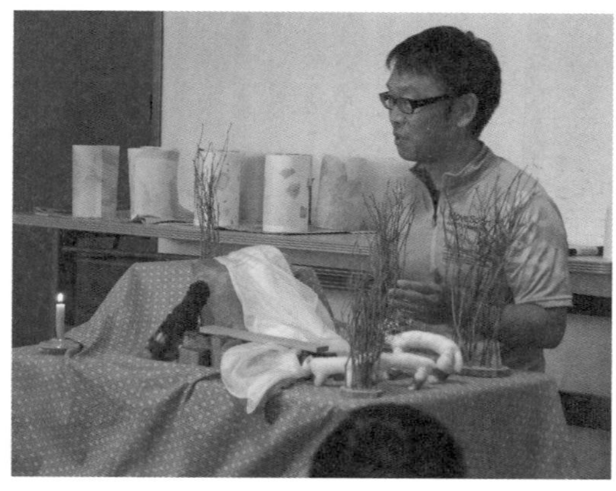

◀シュタイナーの治療教育の現場では、手作りの羊毛人形がよく使われます。環境を整えることで、障がいのある子どもも集中してお話を聞くことができます。（写真は障がいのある子どもたちに、人形劇『3匹のヤギのがらがらどん』を演じる筆者）

おわりに

「子どもたちの輝く個性」に目を向ける

最後まで読み進めてくださりありがとうございました。

本書の目的は、シュタイナーの治療教育をベースに、保育現場で出会う「気になる子ども」を理解し、「子どもたちの輝く個性」に目を向けよう、というものでした。「気になる子ども」と言われる子どもたちは、保育現場でも家庭でも周囲の人たちを困らせているように見えます。しかし、「気になる子ども」の目線に立ってみると、本人たちは実は困惑し、不安を感じ、傷ついて、困り、そして毎日の生活の中で途方に暮れていることに気づきます。私たち大人の役割は、そうした「気になる子ども」の不安や痛みに気づき、それらに寄り添うことだと私は考えています。

保育現場で「気になる子ども」に出会うとき、保育者はときに「子どもの行動を変えよう」とか、「保護者に変わってほしい」と右往左往することがあります。しかし、前述したようにそうした子どもたちには、寄り添うことしかできないことも多いものです。そして子どもや保護者などの他者を変えるのではなく、「自分自身の子どものとらえ方を変える」ことのほうが何倍も重要であるのです。

第２章では、自分自身の子どものとらえ方を変える方法の例として、「気になる子の本質をとらえるアセスメント」と題し、ワークショップ風に書き進めました。保育者として「気になる子ども」に出会った際には、シュタイナーの治療教育的な視点から「体を見る、心を見る、精神を見る」という第２章４節～７節のステップ１～ステップ３に繰り返し取り組んでみることをお勧めします。

この方法は、第２章１節から３節で示したような従来の医学的・臨床心理学的な子ども理解に加えて取り組むことでより効果的であるように思います。シュタイナーの治療教育は、あくまでも従来の医学や臨床心理学、保育学や教育学などの知を基盤にしつつ、それらをより広い視野でとらえたものだからです。ですから、みなさんはこれまで取り組んできた保育や教育的実践をベースにしつつ、シュタイナーの治療教育的な新しい視点を取り入れていただければと思います。

おわりに

シュタイナーがスイスのドルナッハで「治療教育講義」を行ったのが1924年です。おおよそ100年前ですが、その教育的理念は今なお、もしくは今こそ大きな意義があるのではないかと私は感じています。

障がいのある人たちの人権が保障されたのは第2次世界大戦後だと言われていますから、シュタイナーが「治療教育講義」を行った1924年は、障がいのある子どももおとなも非常に生きづらい世の中でした。当時は障がいのある人々は「犯罪者予備軍」ととらえられ、人里離れた山奥に「収容」されていたといいます。そのような時代に、「障がいとはなにか」「人間とはなにか」を深く認識し、「ともに暮らし、ともに学ぶ」シュタイナーの治療教育実践は、現在のインクルーシブな社会と共通するところがあり、大きな意義があると思うのです。

1998年の暮れにシュタイナーの治療教育者養成ゼミナールを修了し、スイスから帰国した私は、日本でシュタイナーの治療教育の学びを活かそうと思いました。けれども日本におけるシュタイナーの治療教育の実践は非常に困難な道でした。そもそも日本にはシュタイナーの治療教育について書かれた本がほとんどありませんでした。もちろんシュタイナーによる『治療教育講義』(高橋巖訳、角川書店/1988年)は翻訳本として出版されていましたし、シュタイナー教育や学校に関しての書籍はありました。しかし、日本におけるシュタイナーの治療教育に関して、日本人が現場の実際をもとに書いた本は皆無でした。それならば自分が学んできたことを、自分の言葉で書くしかないと考え書いたのが、2007年に上梓した『気になる子どもとシュタイナーの治療教育−個性と発達障がいを考える−』(ほんの木)でした。

本書は、それ以来14年ぶりにシュタイナーの治療教育について書いた本です。

保育現場では、「特別支援教育元年」と言われた2007年当時よりも「気になる子ども」への支援が急務となっているようです。本書は、シュタイナーの治療教育をベースにしていますが、現在の「新しい障がい観」とも関連して書き進めています。特に第1章と第3章では、「気になる子ども」への理解と具体的支援について詳細に述べましたから、日々みなさんが目の前にしている子どもたちを理解し、支援していくうえでも有用であると思います。

本書に登場する「気になる子ども」は、私がスイスの治療教育施設で出会った子どもたちの他、保育カウンセラーとして日々訪問している園の子どもたちをモデルにしています。もちろんエピソードなどは再構成されていますが、なるべく保育現場の実情を表現できるように工夫したつもりです。

本書は、保育現場で出会った子どもたちや保育者、そして保護者のみなさんとの貴重な出会いをもとに構成されています。

秀和システムの編集者であるMさんは、シュタイナーの治療教育という一般書では取り上げられにくいテーマに深い関心を抱いてくださり、最後まで的確な指導をいただきました。

また、出版プロデューサーの上野郁江さんは、企画段階から丁寧に助言をくださいました。

こうした様々な出会いのもと、本書は出版に至りました。

これらすべての人に感謝し、お礼申し上げます。

2021年2月14日
山下直樹

参考文献

梅永雄二 編著『自閉症の人のライフサポート』（福村出版／ 2001 年）
山本伸晴・白幡久美子 編集『保育士をめざす人の家庭支援』（みらい／ 2011 年）
山下直樹 著「保護者との関係づくり」青木紀久代編著『実践・保育相談支援』第 3 章 P.46 ～ P.55（みらい／ 2015 年）
氏原寛・亀口憲治・成田善弘・東山紘久・山中康裕 共編『心理臨床大事典』（培風館／ 1992 年）
広瀬俊雄 著『シュタイナーの人間観と教育方法』（ミネルヴァ書房／ 1988 年）
ルドルフ・シュタイナー 著　高橋巖 訳『神秘学概論』（ちくま学芸文庫／ 1998 年）
ルドルフ・シュタイナー 著　高橋巖 訳『教育の基礎としての一般人間学』（創林社／ 1985 年）
ルドルフ・シュタイナー 著　松浦賢 訳『霊学の観点からの子どもの教育』（イザラ書房／ 1999 年）
西平直 著『魂のライフサイクル――ユング・ウィルバー・シュタイナー』（東京大学出版会／ 1997 年）
山口創 著『皮膚感覚の不思議』（講談社／ 2006 年）
文部科学省「早寝早起き朝ご飯」国民運動の推進について
https://www.mext.go.jp/a_menu/shougai/asagohan/
山下直樹 著『「気になる子」のわらべうた』（クレヨンハウス／ 2018 年）
山下直樹 監修　刈谷市中央子育て支援センター 著『遊びのポイント』（2019 年）

著者プロフィール

山下 直樹（やました　なおき）

1971年、名古屋生まれ。東京学芸大学教育学部障害児教育学科を卒業後、シュタイナーの治療教育を学ぶために渡欧。シュタイナーの治療教育発祥の地であるスイス・アーレスハイムにあるゲーテアヌム精神科学大学医学部付属ゾンネンホーフ治療教育者養成ゼミナールを修了。1998年帰国し、児童相談所、障がいのある子どもの施設などで勤務した後、シュタイナーの治療教育家として独立。日本に数名しかいないシュタイナー治療教育の専門家として、子どもの発達支援を行ってきた。

同時に臨床心理学を放送大学大学院にて修め、保育カウンセラー・スクールカウンセラーとして保育現場・教育現場での経験を重ねる。

現在は、名古屋短期大学保育科教授として、保育現場における特別支援、カウンセリングを保育学生に教える傍ら、新聞・雑誌などでの執筆や、シュタイナーの治療教育をベースにした保育・教育関係研修会講師としても活躍。臨床心理士、公認心理師でもある。

主な著書に『気になる子どもとシュタイナーの治療教育』（ほんの木／2007年）、『「気になる子」のわらべうた』（クレヨンハウス／2018年）、共著『もし、あなたが、その子だったら？』（ほんの木／2007年）などがある。

カバー・本文イラスト：イイノスズ
装　丁：古屋真樹（志岐デザイン事務所）
企画協力：NPO法人 企画のたまご屋さん

「気になる子」のとらえ方と対応がわかる本
保育に活かすシュタイナー治療教育

発行日　2021年　3月20日　第1版第1刷

著　者　山下　直樹

発行者　斉藤　和邦
発行所　株式会社　秀和システム
〒135-0016
東京都江東区東陽2-4-2　新宮ビル2F
Tel 03-6264-3105（販売）　Fax 03-6264-3094
印刷所　三松堂印刷株式会社　Printed in Japan

ISBN978-4-7980-6390-4 C0037